高等教育艺术设计精编教材

商业空间设计

李　化　吴　韦 / 主　编
李家瑞　付梦晨　陈　诚　杨　璐 / 副主编

清华大学出版社
北　京

内容简介

商业空间设计指用于商业用途的建筑内部空间设计，如商场、餐饮、专卖店等商业建筑内部空间。除包含室内设计的基本原理和基本功能要求外，商业空间设计还包含了更多的功能要求和市场特色。

本书主要介绍商业空间设计的发展过程及其在当代设计中的应用，主要内容包括商业空间卖场中的人体工程学、商业展示空间的策划、灯光照明、平面布局、道具装置、陈设、餐饮空间外观设计、公共区域设计、氛围的塑造、酒店空间设计、大堂空间设计、住宿空间设计、通过空间设计等。最后以实例性教学部分商业空间设计及经典实际案例欣赏来改变学生实践性不足的现状。为开阔学生的眼界，本书还提供了有参考价值的设计图片，以便真正做到项目引导教学、项目驱动教学。

本书适合本科及高职高专院校艺术设计相关专业的学生学习，也可以作为环境艺术设计相关从业人员的参考用书。

图书在版编目（CIP）数据

商业空间设计/李化，吴韦主编.--北京：清华大学出版社，2020.8（2025.1重印）
高等教育艺术设计精编教材
ISBN 978-7-302-55958-0

Ⅰ. ①商…　Ⅱ. ①李…　②吴…　Ⅲ. ①商业建筑－室内装饰设计－高等学校－教材　Ⅳ. ①TU247

中国版本图书馆 CIP 数据核字(2020)第120452号

责任编辑：张龙卿
封面设计：别志刚
责任校对：李　梅
责任印制：杨　艳

出版发行：清华大学出版社
　　网　　址：https://www.tup.com.cn，https://www.wqxuetang.com
　　地　　址：北京清华大学学研大厦A座　　**邮　　编**：100084
　　社 总 机：010-83470000　　**邮　　购**：010-62786544
　　投稿与读者服务：010-62776969，c-service@tup.tsinghua.edu.cn
　　质量反馈：010-62772015，zhiliang@tup.tsinghua.edu.cn
　　课件下载：https://www.tup.com.cn，010-83470410
印 装 者：三河市龙大印装有限公司
经　　销：全国新华书店
开　　本：210mm×285mm　　**印　　张**：6　　**字　　数**：168千字
版　　次：2020年9月第1版　　**印　　次**：2025年1月第4次印刷
定　　价：59.00元

产品编号：084180-01

前 言

随着国内商业空间设计市场的日趋完善，以及人们对高品质生活的追求，设计人才必须经过系统的训练，具备一定的实践经验，才能设计出满足消费者需求的商业空间环境。只有把“商业空间设计”作为长期发展的目标，才能使我国的商业空间设计向良好的方向发展。经过这些年无数环境设计工作者的研究、实践，商业空间设计概念深入人心，成为环境设计专业的必修基础课程。

“商业空间设计”课程针对环境设计中商业建筑的使用性质、所处环境和相应标准，运用物质技术手段和建筑美学原理，创造功能合理并满足人们物质生活和精神生活需要的场所。本书在内容设置上，重视商业概念、经营方式、消费环境等商业管理学的导入，紧密结合人机工程学、材料学、照明工程等工学知识，以商业空间设计理论知识的认知与项目操作为主线，同时还注重学生设计方法和设计能力的培养，强调思维的逻辑性和多元学科的结合，顺应了时代和行业发展的新要求。本书由浅入深，帮助学习者体会商业空间设计不只是画图，更重要的是建立较好的商业空间关系。

“商业空间设计”课程不仅仅要求学生初步掌握商业空间环境中功能性方面的设施、消费者的行为动线和购物环境因素等，还需要考虑消费者的精神需求，以及获取商品信息的需求。本书在编写过程中，尝试在研究商业空间的空间构成形态的基础上，结合商业动线的设计模式，对艺术风格、色彩、材质、照明、展示道具等设计因素进行分类详解，结合购物中心设计、商铺设计及商业街设计这三个典型的商业空间设计案例进行详细分析。

本书文字叙述清晰，能够深入浅出地讲解商业空间设计涉及的所有知识点，同时也尽可能地扩大信息量，使内容有一定的深度和广度。本书注重系统性和学术性，努力推动学习者的创新思维与实践能力，尤其强调商业空间设计艺术美学概念与实践相互结合，一是为将来的专业课学习打好基础，二是培养专业审美素养，使学习者的设计视野和设计能力得到全方位的提高。

本书由李化、吴韦任主编，李家瑞、付梦晨、陈诚、杨璐担任副主编，另外，万哲钊、章朦晰、陈依涟、张亚雄等也参加了编写。

希望本书能够帮助广大学习者全面地了解和掌握商业设计的方方面面，并从中获得裨益。本书不足之处也希望各位同仁不吝赐教，对此表示衷心感谢。

编 者

2020 年 5 月

目 录

第1章 卖场设计 1

第2章 餐厅设计 32

第3章　酒店空间设计　49

参考文献　87

第1章 卖场设计

核心内容：

本章介绍卖场的设计理念和设计原则，对空间与消费心理和设计风格进行深入赏析；讲解卖场空间、色彩设计中的相关知识，并在色彩心理、色彩设计原则等方面进行深入分析与研究。

相关知识：

- 卖场的设计理念和原则；
- 卖场设计的风格；
- 卖场空间的处理方式；
- 卖场空间色彩的心理作用；
- 卖场空间的色彩设计原则；
- 卖场空间的照明。

训练目的：

要求学生通过对卖场环境设计的概念、功能、作用、意义等内容的学习，对卖场设计的理念、属性及卖场设计原则和风格等方面有初步的认识；在掌握相关理论知识的基础上，对实例有一定的赏析能力。另外，通过对卖场室内设计的学习与认识，提升对卖场室内空间的设计能力，重点掌握各空间处理方式与色彩应用，了解色彩搭配的一般规律，熟练掌握专业制图软件，并能以手绘的形式表达设计构思与意图。

以消费者为中心，为消费者服务，是零售商业企业经营管理的核心。因此，零售企业的卖场设计应研究消费者的心理特点，为消费者提供最适宜的购物环境和最便利的服务设施，使消费者愿意到商店选购商品。

1.1 综　述

1.1.1 卖场的设计理念

1. 以人为本

“卖场”是为顾客服务的，这是商业卖场经营的前提条件。成功的卖场设计应更加注重顾客的体验感，为消费者提供最适宜的购物环境和最便利的服务设施。一些卖场设计走入了高档的误区，认为只有强调卖场的金碧辉煌、豪华气派，才能吸引客人；似乎必须采用高档进口材料、水晶吊灯，才能带给顾客心理上的满足。但是这些设计并没有注意到客人真正的需求，更没有认识到为消费者创造一个良好的购物环境的重要性。

2. 注重消费心理

售货现场的布置与设计应以便于消费者选购商品、便于展示和出售商品为前提。消费者的意识具有整体性的特点，受刺激物的影响才可能产生，而刺激物的影响又总带有一定的整体性。为此，在售货现场的布局方面，就要适应消费者意识的整体性这一特点，把具有连带性消费的商品种类邻近设置，相互衔接，给消费者提供购买与选择商品的便利条件，并利于介绍推销商品。

1.1.2 卖场设计的功能与需求原则——德州 Inzone 银座购物中心案例分析

设计者要满足人们的心理、生理等需求，确保人的安全和身心健康。从多个局部考虑，综合满足人们对使用功能、经济效益、舒适美观、环境氛围等多种要求。卖场空间设计要特别注重人体工程学、环境心理学、审美心理学、地域文脉等方面的研究，要科学、深入地了解人们的生理特点、行为心理和视觉感受等方面对室内环境的设计要求。

本项目所在地德州市是山东省的西北大门，自古就有“九达天衢、神京门户”之称，是华东、华北重要的交通枢纽。整个银座购物中心围绕设计概念中由河巷贯穿的幻象景致，分区植入各个中庭等公共空间，让空间与人产生互动并使顾客能区分所在的区域。银座购物中心大量使用了铝板，通过构成设计手法，在节约成本的同时创造出不同的视觉效果（图 1-1 和图 1-2）。

图 1-1 Inzone 银座购物中心中庭

图 1-2 Inzone 银座购物中心扶梯

1.1.3　卖场设计的特色与个性原则——上海世茂广场改造案例分析

该项目位于上海著名的南京东路购物街一端，是俯瞰人民广场的绝佳场所。尽管地理位置优渥，人们却更偏爱与自己生活方式相契合的场所，因此彼时的世茂广场很快门庭冷落了下来。2018 年 11 月改造项目完成后，世茂广场一跃成为上海商业地产的新地标，重新联结城市生活并注入新活力，吸引市民和游客一探究竟（图 1-3 和图 1-4）。

图 1-3　上海世茂广场外立面

图 1-4　上海世茂广场侧立面

如图 1-5 所示，该项目的设计概念是“剧场”，设计师将顾客赋予游客、观众与演员三种不同类型的角色。整体结构被定义为剧场的前厅、观众席和后台。在建筑外侧，一组飞天梯犹如红毯让人眼前一亮，将南京东路上的游客直接送至世茂广场的三层平台及主入口；而另一组飞天梯则可引导顾客直达五层的“包厢”。红毯式的飞天梯吸引了很多游客走上了体验之旅，游客们在每条“红毯”上都可以欣赏南京东路和人民广场的风光。这组飞天梯昭示了建筑最初的设计特色，突出了其沿对角线对称的平面布局。飞天梯同时为世茂广场赋予了城市观光的功能，它不仅是购物的场所，更是一处能让人们尽享上海多元城市生活的公共空间。

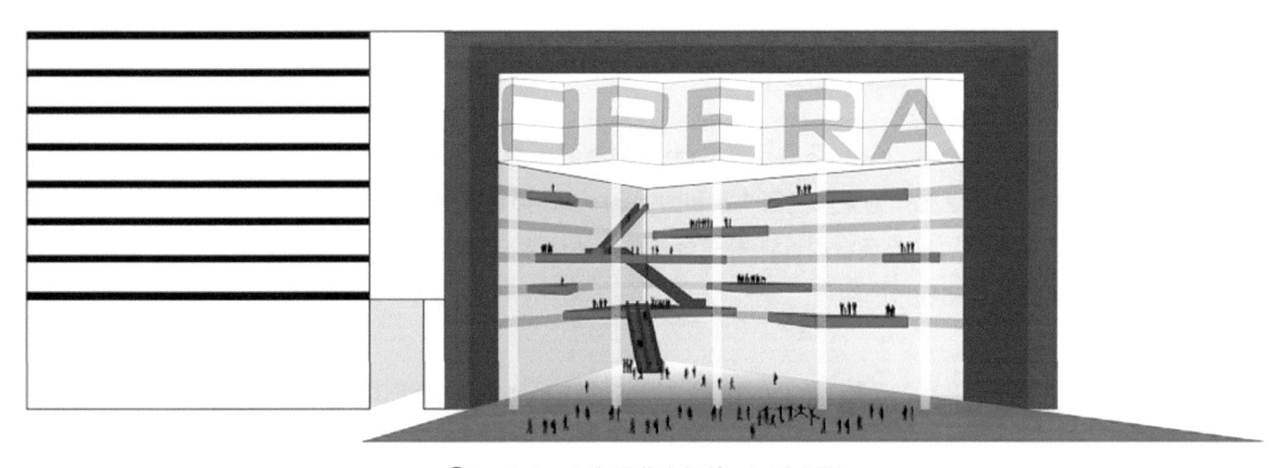

图 1-5　上海世茂广场外立面分析图

卖场设计的特色与个性化是卖场取胜的重要因素。卖场设计与运营的脱节、主题性的缺乏，使一些商店的卖场设计显得比较平庸，因过分地趋于一致化或追求某些略微盲目的“潮流”而缺乏个性和特色。缺乏风格特色和文化内涵的卖场也就缺少了营销的“卖点”和“热点”，只能流于千篇一律的雷同和俗套。盲目堆砌高档装修材料，忽视个性风格塑造和文化特色对卖场设计是大忌，也不利于卖场的经营发展。

1.1.4 卖场设计环境的整体性原则——澳大利亚布里斯班 Goodstart 早教中心案例分析

Gray Puksand 设计团队布里斯班区域的商务合伙人 Kevin Miles 说：“设计团队调查了 Goodstart 早教中心用户年龄的结构以及空间里现有房间的尺寸。这个空间十分独特，但是需要有一些有创意的想法来激活它。”曾经作为城市购物中心，它的内部有一个中庭（图 1-6 和图 1-7）。现在，中庭成为最有活力的空间。

图 1-6 Goodstart 早教中心的中庭

图 1-7 从中庭空间望向学习空间

在十四个学习空间中，建筑师与来自昆士兰州的 Lesley Jones 博士带领的业主团队紧密合作，为不同年龄段的孩子提供适合的设施和环境。每个学习空间都直接通向内部游乐区，其中包括自然环境区和游乐及教育设施区。在 Adelaide 街的早教中心，孩子们在中庭可以获得多种体验：他们可以触摸到树皮，光脚踩着石板路，还可以在抬起的平台上向下俯瞰。

卖场空间设计的立意、构思、风格、环境气氛的创造，须着眼于整体环境、文化特征及功能特点等多方面。建筑的内外应是相辅相成、辩证统一的整体（图 1-8 和图 1-9），设计师需要对整体环境有足够的了解和分析。立足于室内，着眼于“室外环境”，把卖场室内设计看成自然环境—城乡环境（包括历史文脉）—社区建筑环境—室内环境互相连接、互相制约和提示的纽带。

1.1.5 卖场设计的时代感原则——伦敦 Coal Drops Yard 购物中心案例分析

卖场室内设计应反映当下的社会生活和人们的行为模式，采用当代物质手段，完善时代的价值观和审美观；应具有历史延续性，追踪时代特点并尊重历史；还要因地制宜，适当考虑地方风格、民族特点和历史文化的延续性。

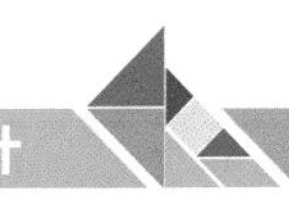

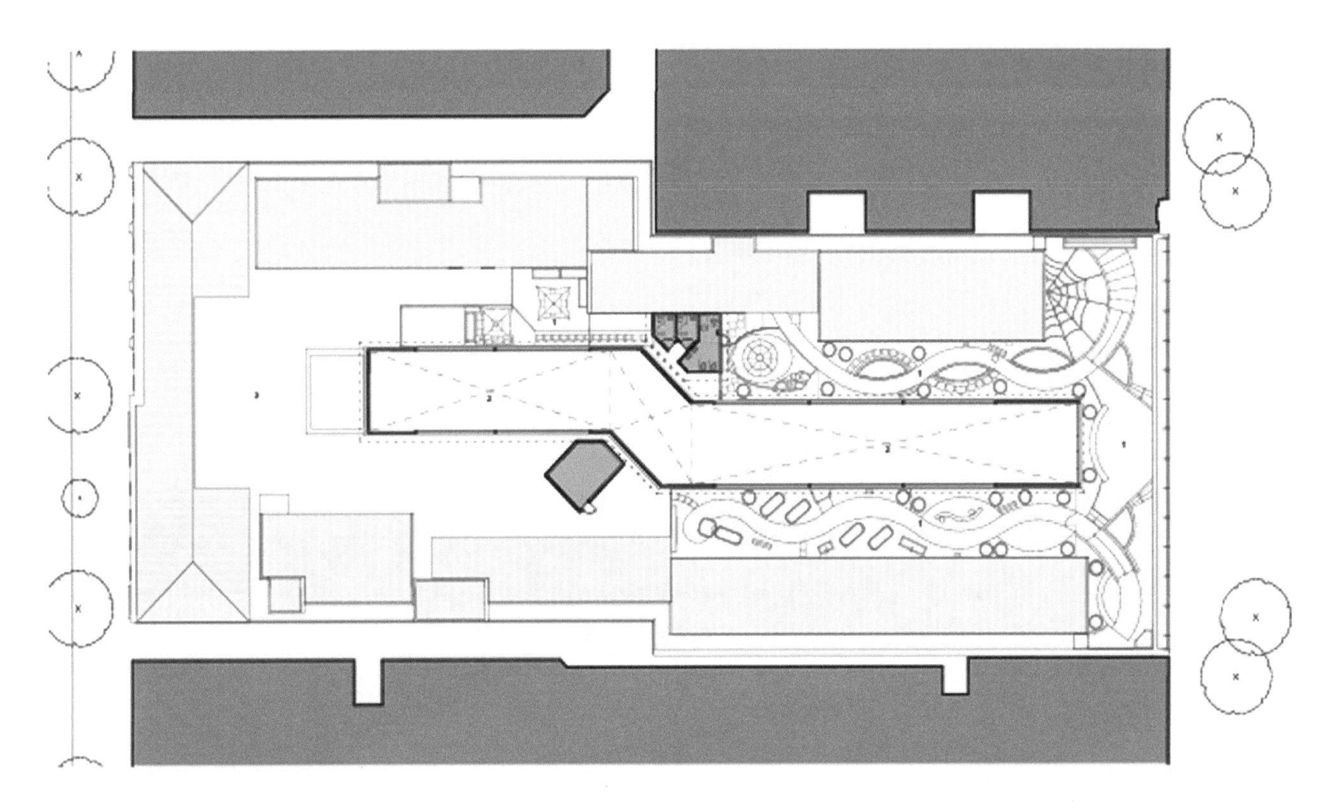

图 1-8 Goodstart 早教中心俯视图

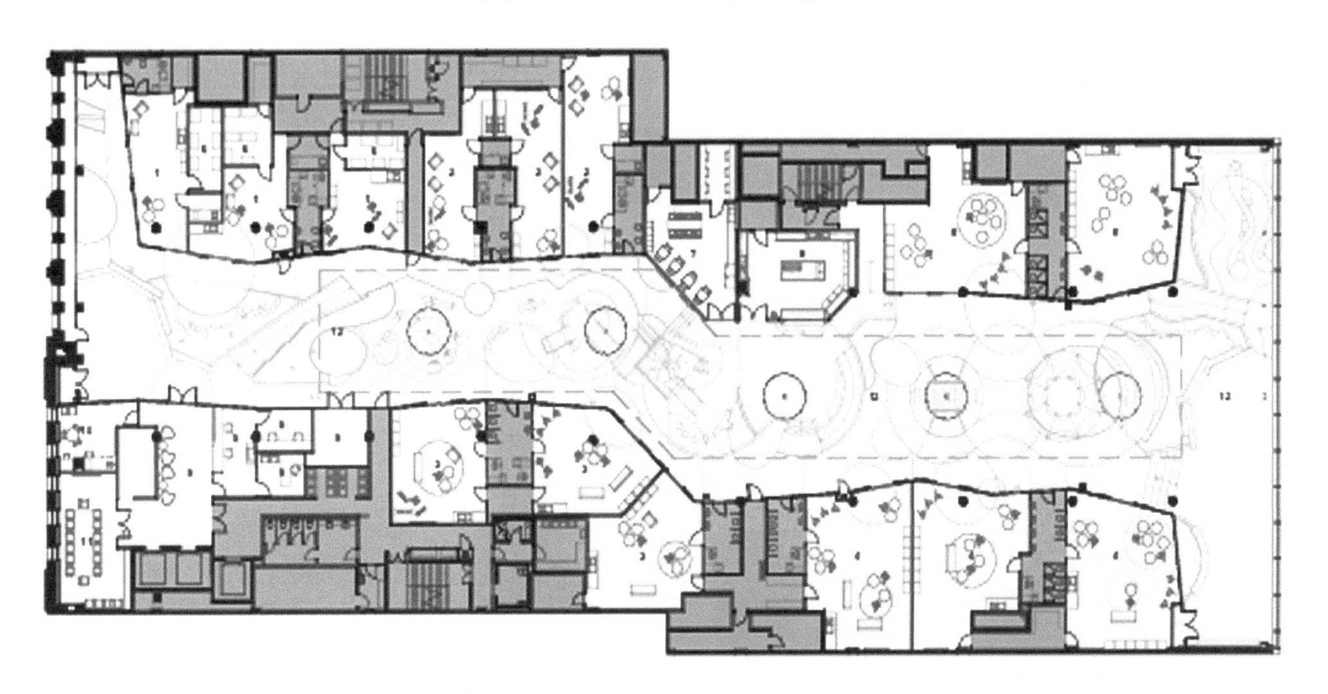

图 1-9 Goodstart 早教中心总平面图

随着煤矿业的衰落，伦敦 Coal Drops Yard 购物中心这座双层建筑已经失去了昔日的辉煌。在 20 世纪 90 年代之前它曾经是轻工业工厂、仓库和夜店等，现在覆盖着斜脊屋顶、由铸铁和砖块砌筑而成的华丽主体部分已被废弃。设计师希望能够强调出工业建筑所拥有的独特肌理和历史，同时打造一个统一而现代的公共空间和购物目的地，并致力于维护和强调原有建筑的样貌。购物中心的总面积约为 90000m^2，包含购物、餐饮和活动区域，街道在水平和垂直方向形成连接。商场的入口位于高架桥的两端，顾客可以通过桥梁和台阶等多种方式进入庭院并在商场内自如穿行（图 1-10 ～图 1-12）。

图 1-10　伦敦 Coal Drops Yard 购物中心

图 1-11　铸铁和砖块砌筑的墙体

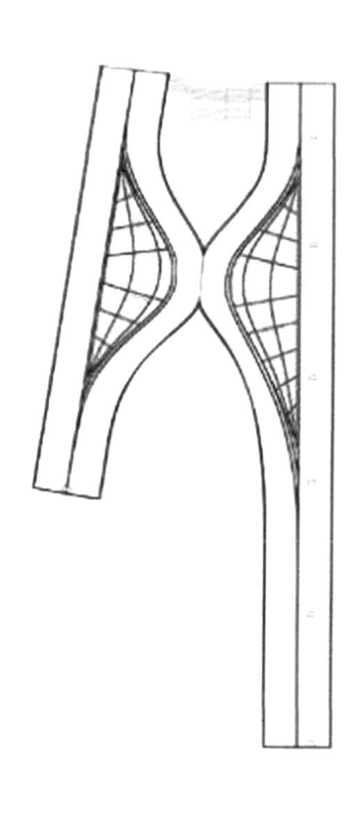

图 1-12　购物中心俯视图

1.2 卖场设计的风格

风格流派的丰富性给予近现代的卖场以开阔的表现空间，为人类营造出更加舒适、轻松的生活、生产及活动空间，更赋予了人类新的生活理念和情感归宿。

1.2.1 传统风格——杭州隐竹日料餐厅案例分析

按传统风格设计的卖场，是在室内布置、线形、色调以及家具、陈设的造型等方面汲取传统装饰“形”“神”的特征。例如，汲取我国传统木构架建筑室内的藻井天棚、挂落、雀替的构成和装饰，以及明、清家具造型和款式特征；又如西方传统风格中仿罗马式、哥特式、文艺复兴式、巴洛克、洛可可、古典主义风格等。此外，还有日本传统风格（图 1-13）、印度传统风格、伊斯兰传统风格、北非城堡风格等。传统风格常给人们以历史延续和地域文脉的感受，它使室内环境突出了民族文化的形象特征。

图 1-13 杭州隐竹日料餐厅走廊

如图 1-14 所示，隐竹的前堂一返常见商业的鲜亮与活泼，反而选择了陈列空间的留白与“不争”。低反差的颜色选择、柔和的灯光、平滑流畅的造型线条，无不在降低空间装饰的存在感。体现出的特点是收敛锋芒，纯粹简单，追求“不说”的禅境。

简单与复杂是对立统一的，可以在虚饰繁杂的都市生活中创造出天地自然的意境，故和室被称为“隐居之所”或“城市中的山野隐居处”。在本项目中，设计师充分发挥了和室内建筑空间进行“对话”的特色，同时增加了一些体现戏剧感的细节。

图 1-14　餐厅前堂

1.2.2　现代风格——郑州 JHW 服装店案例分析

商业空间的现代风格起源于包豪斯学派，该学派成立于第二次世界大战后经济、文化等各方面急需复苏的德国，强调突破旧传统，创造新建筑；重视功能和空间组织，注意发挥结构本身的形式美；注重造型简洁，反对多余装饰；崇尚合理的构成工艺，尊重材料的性能；讲究材料自身的质地和色彩（图 1-15 和图 1-16）。包豪斯学派重视实际的工艺，强调设计与工业生产相联系。

图 1-15　郑州 JHW 服装店前台

图 1-16　郑州 JHW 服装店中庭

郑州 JHW 服装店位于郑州东区一个新商场内。建筑师在原建筑里置入一个轻质的内壳，用水刷石和穿孔不锈钢板拼贴成新的背景，围合出一个具有神秘感的区域。阳光透过穿孔不锈钢网，在水刷石质感细密的地面上投影出长圆形的斑点（图 1-17 和图 1-18）。

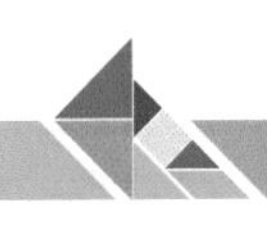

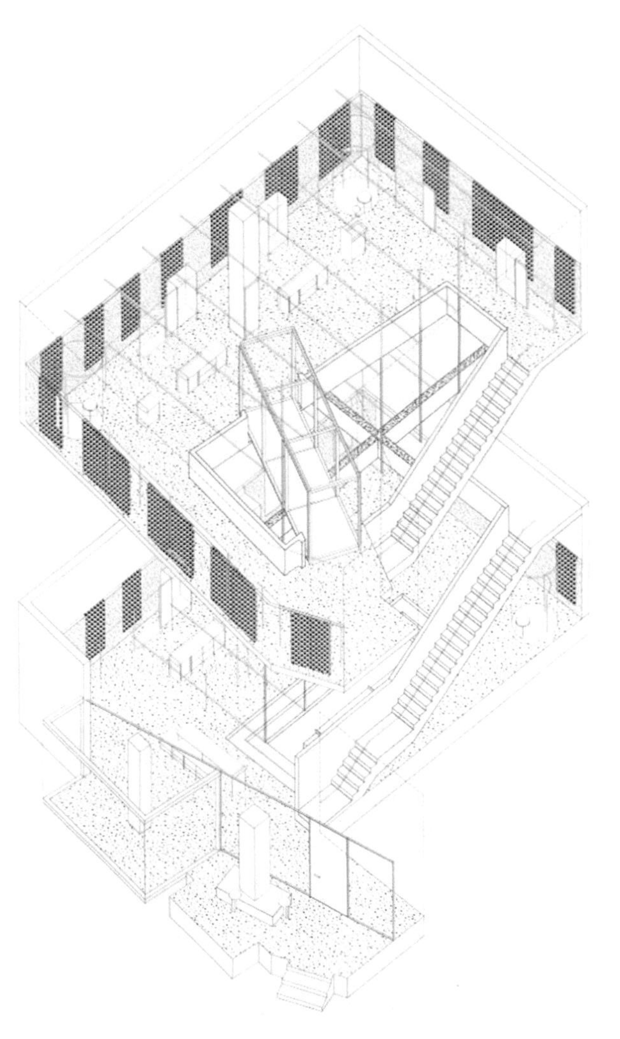

图 1-17　郑州 JHW 服装店下沉空间

图 1-18　郑州 JHW 服装店轴测图

1.2.3　后现代风格——重庆钻石狸璃面馆案例分析

不同于现代风格所秉承的“少即是多”，后现代风格代表人物罗伯特·文丘里提出“少即是乏味”的理念。后现代风格强调建筑及室内装潢应具有历史的延续性，但又不拘泥于传统的逻辑思维方式，不断探索创新造型手法。后现代风格讲究人情味，常在室内设置夸张、变形的柱式和断裂的拱券，或把古典构件的抽象形式以现代的、新的手法组合在一起，即采用非传统的混合、叠加、错位、裂变等手法和象征、隐喻等手段。

钻石狸璃面馆凭借浓厚的复古格调，在引起人们侧目关注的同时，勾起了许多人对自己的黄金年代的记忆。“20 世纪 80 年代怀旧复古”是面馆业主一开始就定下的基调，因此有了“面吧”——面馆 + 酒吧的定位。如图 1-19 所示，经历过 20 世纪 80 年代的人都记得迪斯科、霓虹灯、诗歌、理想和自由并存的浪漫时光，虽然时光列车不可避免地匆匆驶过，但它依然值得被提起，甚至重新展现在大众面前。

恰当的材料选择和色彩产生相互作用，才可以形成风格，营造氛围（图 1-20）。擅长用色彩表达情绪的“余论设计”在此次的“有机怀旧”中着重运用了红、蓝两色作为主色调，辅之以金属色、荧光色。地面上，粉红、粉蓝的定制三角形水磨石，相间拼接，在风格上传承了 20 世纪 80 年代的用材作风，但在颜色上更轻巧、时尚。

图 1-19　钻石狸璃面馆大堂

图 1-20　钻石狸璃面馆外立面

1.2.4　自然风格——喜茶杭州国大城市广场热麦店案例分析

自然风格倡导“回归自然”，推崇真实美、自然美。有专家认为在高科技发展的今天，人们只有在温柔的自然环境当中，才会使生理以及心理趋于平和、安定。自然风格赋予卖场自然的生命，因此在设计空间中，应用天然的木料、石材等进行装饰，以自然的纹理和清新淡雅的气质进行商业空间的呈现才会受到欢迎，所以在卖场界，便形成了自然、田园的艺术形式，设计师力求在设计中表现优雅、舒适的田园生活情趣的同时，创造出自然、简朴、高雅的生活氛围。

如图 1-21 和图 1-22 所示，该项目以“茶园”为空间原型，借助空间逻辑和造型语言，构建了一座“喜茶园”，茶山、茶田、茶座形成了热麦与茶文化相映成趣的空间。借鉴于依山傍水的茶树种植原型，茶田的脉络被用于组织整个空间布局。园内的流线依功能分为三股：热麦面包、茶饮和外卖取单。每一股的脉络沿设定的方向流动，

从主入口起始，由引导装置带去面包队列、茶饮点单和取单处，延展到茶田的末端而形成了“茶山”。“茶山”依地形山坡而建，田埂间错落的台阶可供歇息；沿台阶的两组扶手缓缓上升，指向山顶的镜面门洞，顿生无尽延续的意境。

图 1-21　项目内部“茶山”休息区

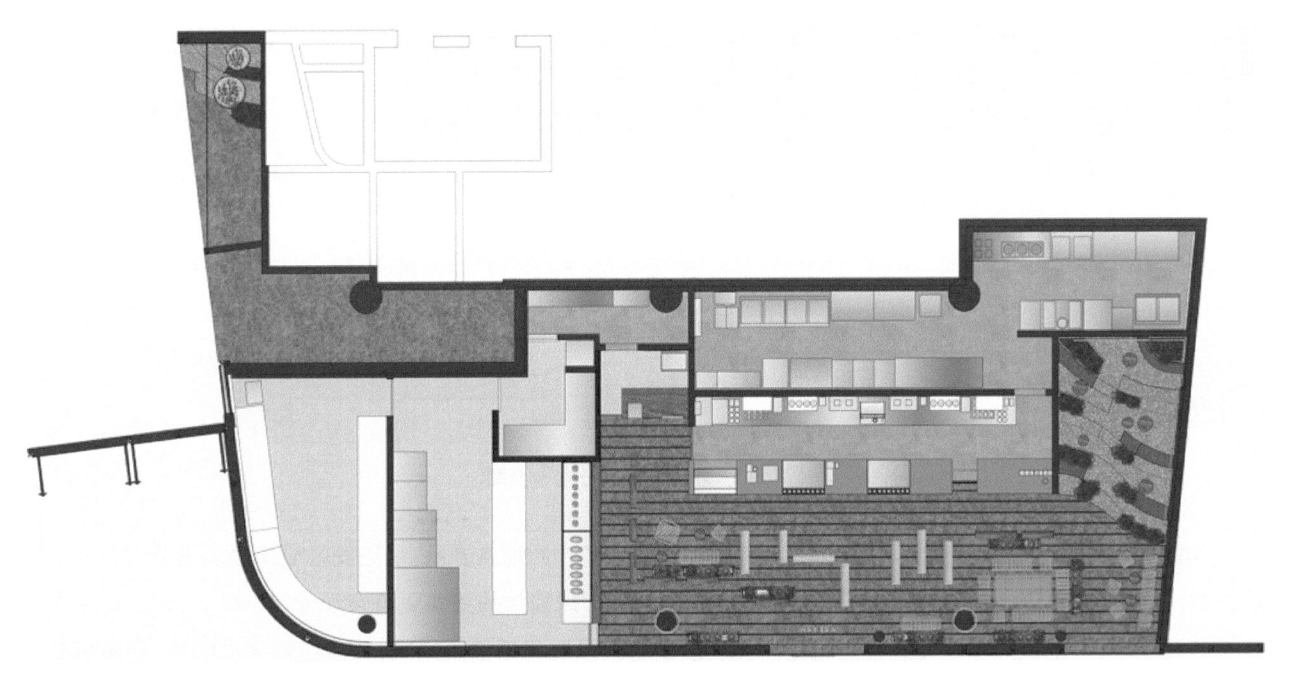

图 1-22　喜茶热麦店平面图

在喜茶园饮茶被定义为一种轻松自在的、充满自然意趣的休闲活动。“茶山”的座位既有构成茶山的台阶，也有充当茶树的软座，而落座的方式更隐藏了多种可能。

1.3 卖场设计的空间和色彩处理

1.3.1 卖场空间的处理方式——北京比津造型理发店案例分析

比津造型理发店位于北京东郊的龙湖·长楹天街购物中心第3层，建筑面积为135m²。设计师将发型美学与空间美学两者相互融合，最大化、合理化利用有限的资源，在面积、造价极为有限的条件下打造出了一个以顾客消费体验为重点、不同于传统意义上的现代理发空间。

如图1-23和图1-24所示，店铺的平面本身并不规整，为了让有限的空间发挥最大的使用价值，设计师根据三段折线创造出三块面积不同的功能区。中间的长方形区域被设计成消毒间、储藏室等辅助服务空间，将其两侧一动一静的接待空间和理发空间自然分隔开来。同时，设计师有效利用了店铺的高度优势，在辅助服务区域创造出大量的立体储藏空间，不仅解决了一般理发店收纳空间缺乏等问题，还自然地形成了入口植物墙玄关（图1-25）。

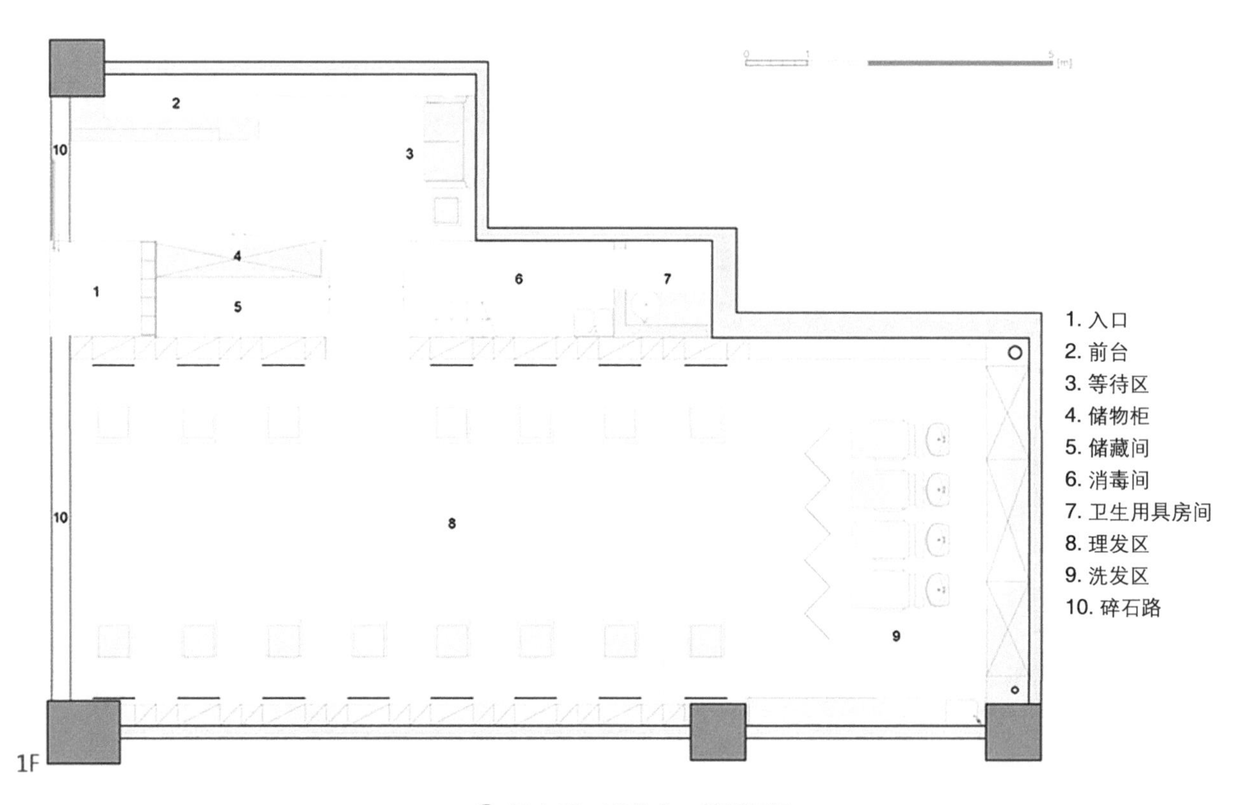

图1-23 理发店一楼平面图

如图1-26所示，在“层空间”的视觉中心，设计师置入了一面金属屏风，从理发区域中分隔出了更为私密的洗发空间。与传统屏风所传递出的古典美学风格不同，金属屏风简洁的线条更符合现代美学特点，这既是一种对传统的延续，同时也是一种从传统中的再生。洗发后的客人从屏风后面走出来，再通过层层的纱帘，如演员登台一样，俨然成为整个空间中最为重要的角色。

外立面的概念源自于打理头发的传统工具——梳子。与一般用墙体来分隔商场内外空间的方式不同，在这里是通过一个景观区域进行划分。两层木格栅交错放置（图1-27），从商场的公共区域经过，室内场景若隐若现，既为理发店创造出了新景观，又保证了使用上的私密性。

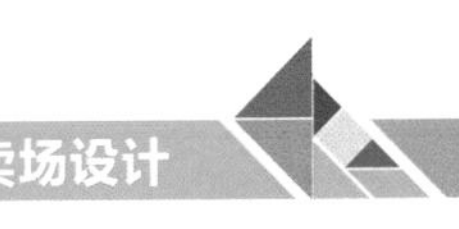

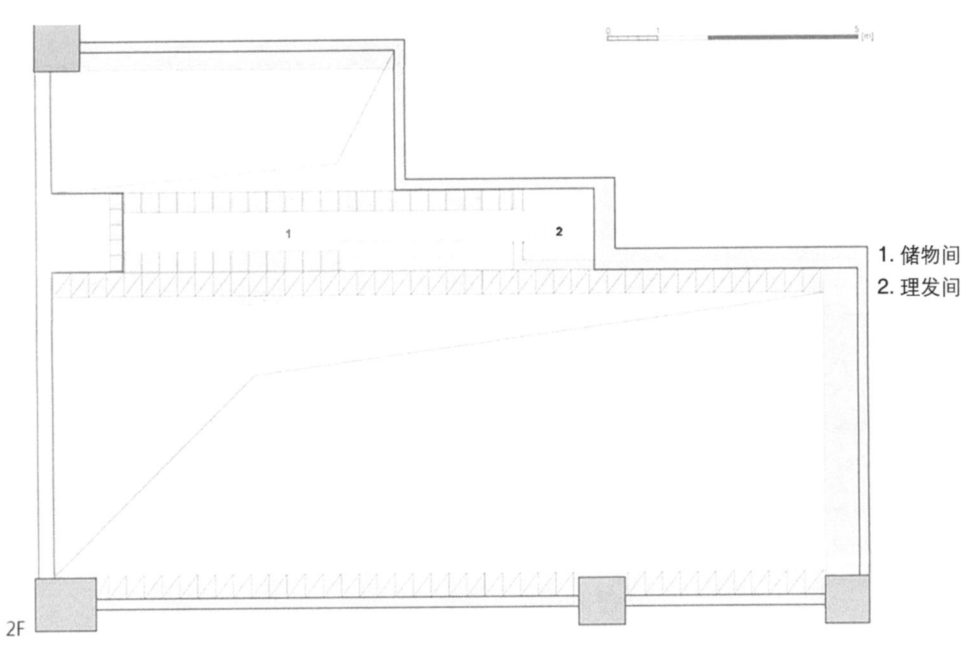

1. 储物间
2. 理发间

图 1-24　理发店二楼平面图

图 1-25　理发店一楼大厅

图 1-26　理发店内金属屏风

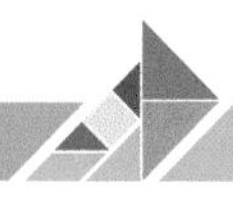

图 1-27　理发店外立面

1.3.2　卖场空间的色彩应用——成都仁和新城甜品工房案例分析

每一种颜色都具有特殊的心理作用，能影响人的温度知觉、空间知觉甚至情绪。色彩的冷暖感起源于人们对自然界某些事物的联想。例如，红、橙、黄等暖色会使人联想到火焰、太阳，从而有温暖的感觉；白蓝和蓝绿等冷色会让人联想到冰雪、海洋和林荫，从而让人感到清凉。

在仁和新城甜品工房中，带孔洞的黄色桌子从外摆区一直向店面蔓延，直至店铺的门口以及 Logo 所在位置。桌子表面开出了奶酪般的圆形洞窟，食客们化身为流动的空间元素，让一个个圆洞呈现时满时缺的趣味模样（图 1-28），仿佛海绵宝宝变成了大奶酪。这个外摆区以雕塑式的存在感（图 1-29 和图 1-30），为商场地下广场制造出了最大的惊喜。而基于功能考量设计的桌椅，也鼓励着相邻而坐的人们进行更多的交流与互动。

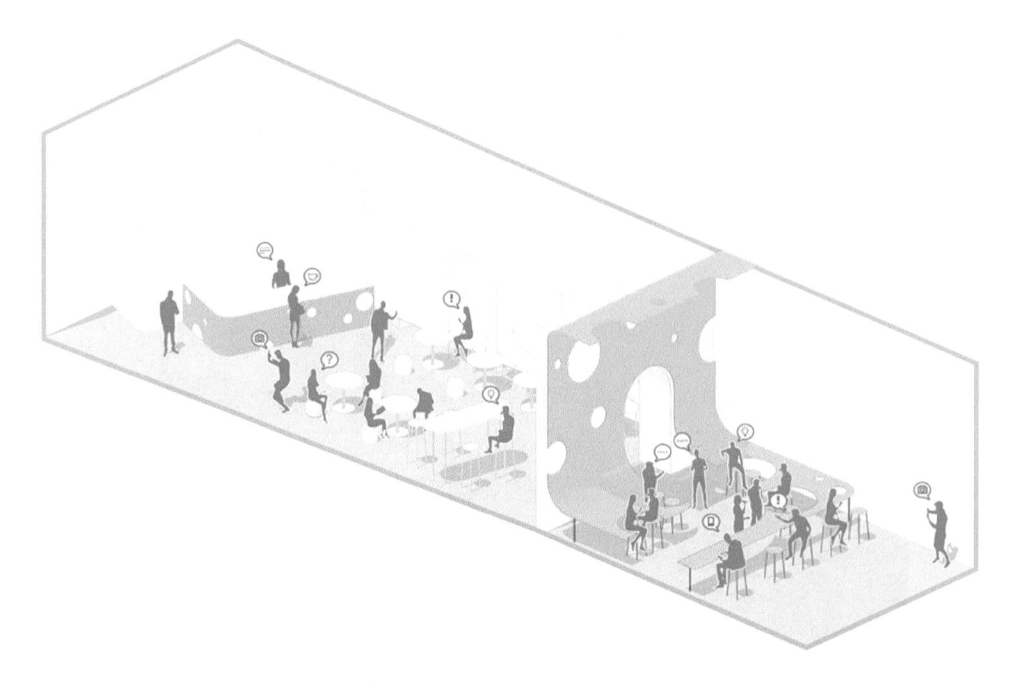

图 1-28　甜品工坊轴测图

图 1-29　甜品工坊外摆区

图 1-30　甜品工坊外立面

1.3.3　色彩的心理作用——青岛家盒子案例分析

家盒子作为国内家庭教育的先行者在青岛开设了第六家分店，如图 1-31 和图 1-32 所示。这座两层楼设施内提供了家盒子的典型功能，例如婴幼儿游泳馆、教室、开放的游乐场地及咖啡厅。不同于其他分店的是，青岛家盒子位于一座购物中心的四楼，因此入口的过渡空间更大，既能为潜在的用户提供体验课程、接待台、绘本馆和商店等，同时也起到了引导会员分别进入会员区及游泳馆的分流作用。

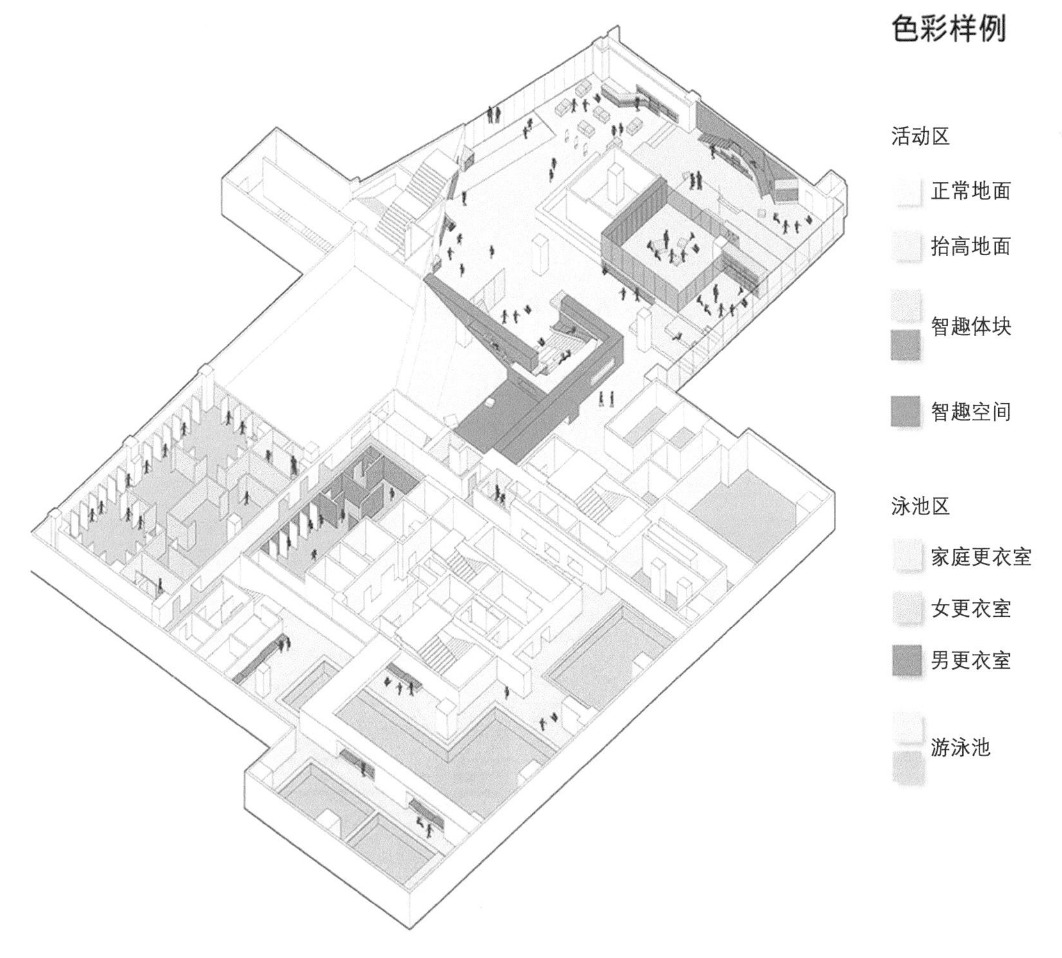

色彩样例

活动区

正常地面

抬高地面

智趣体块

智趣空间

泳池区

家庭更衣室

女更衣室

男更衣室

游泳池

图 1-31　青岛家盒子四层轴测图

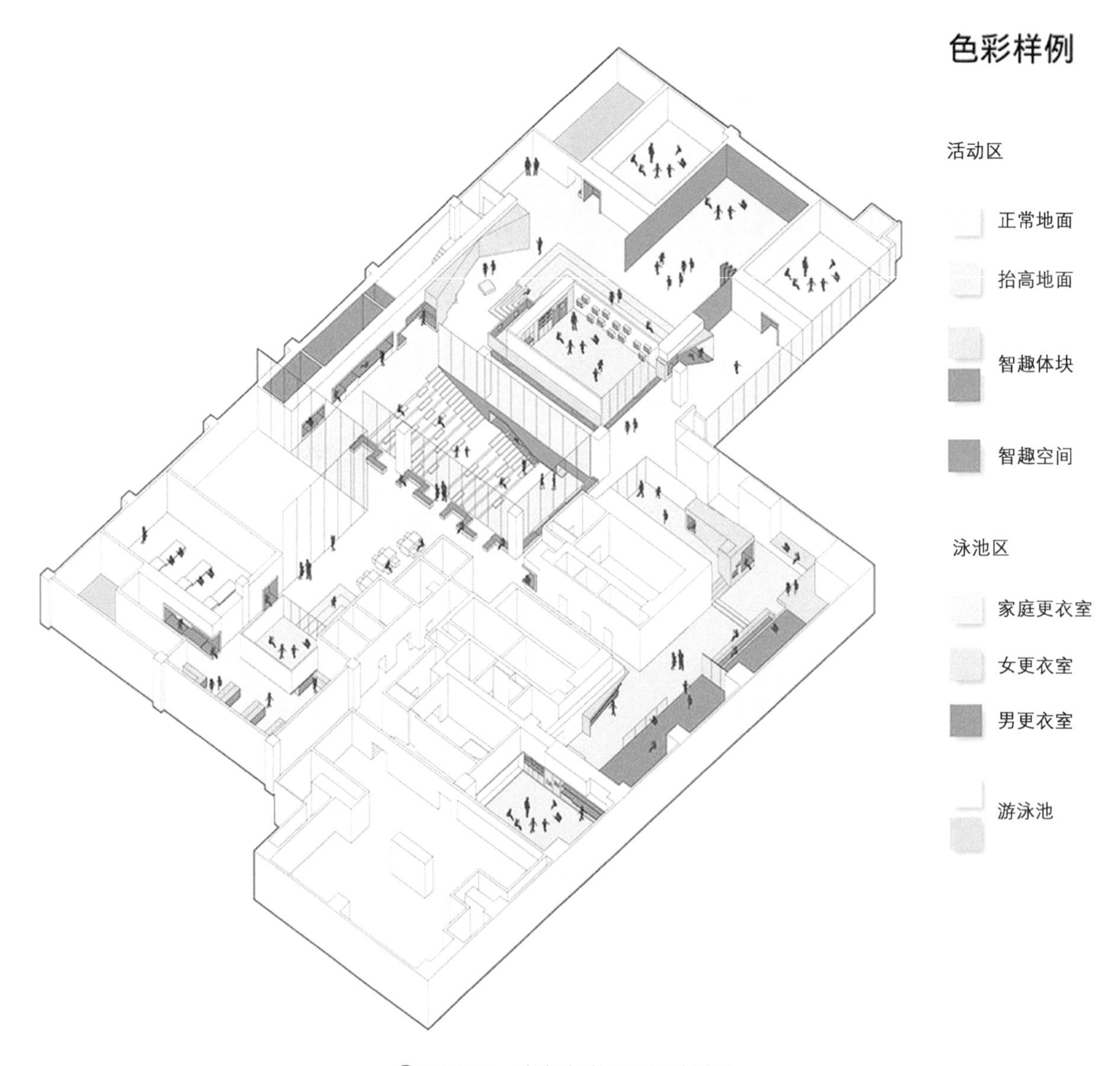

图 1-32　青岛家盒子五层轴测图

当小朋友和成人进入大门时，家盒子内精心设计的整体颜色有效地过滤了商场纷杂的广告色彩和强烈的商业化气息。设计中的黄、蓝、绿代表着青岛的地域特色（沙、天和海）并分别象征着不同的设计元素，让儿童更容易区分不同区域的关系（图 1-33 和图 1-34）。

图 1-33　家盒子活动室

图 1-34　家盒子走道空间

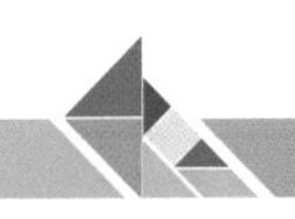

1.3.4　形式和色彩服从功能原则——德国 LOOP 5 购物中心案例分析

为了充分考虑功能要求，商店卖场色彩主要应满足功能和精神要求，目的在于使人们感到舒适。在功能要求方面，首先应认真分析每一个空间的使用性质，如儿童专卖与妇女专卖、商品专卖与食品专卖。由于使用对象不同或使用功能有明显区别，空间色彩的设计必须有所区别。

在德国，主题购物体验仍处于起步阶段，功能性购物为德国的主要商业模式。LOOP 5 成为主题购物的先锋推动者，并成为莱茵河区独特的地标（图 1-35）。“航空”主题的灵感源自于其邻近的法兰克福机场和达姆施塔特的欧洲太空控制中心。

图 1-35　德国 LOOP 5 购物中心中庭

漫步购物中心环道，顾客可在购物中心体验四种不同的设计空间。商场的室内设计引用了航空领域的元素，并以早期飞行、黄金时代、喷气机、现代航空为副主题，通过红、黄、蓝、紫四个副主题色，结合照明，将购物中心划分为 4 个区域。6m 高的购物中庭犹如教堂礼堂般的空间感，积极渲染出两侧零售区域的魅力。墙面及地面中的螺旋桨、机翼、舵盘、悬翼元素以及无处不在的平面设计，将顾客引入独特的购物体验中。

1.3.5　色彩符合空间构图需要原则——深圳客从何处来甜品餐厅案例分析

卖场色彩配置必须符合空间构图原则，充分发挥卖场色彩对空间的美化作用，正确处理协调与对比、统一与变化、主体与背景的关系。设计卖场色彩时，首先要定好空间色彩的主色调，色彩的主色调在商店卖场气氛中起主导和润色、陪衬、烘托的作用。形成卖场色彩主色调的因素很多，主要有商店卖场色彩的明度、色度、纯度和对比度。其次要处理好统一与变化的关系，有统一而无变化，达不到美的效果，因此，要求在统一的基础上寻求变化，这样更容易取得良好的效果。为了取得统一又有变化的效果，大面积的色块不宜采用过分鲜艳的色彩，小面积的色块可适当提高色彩的明度和纯度（图 1-36）。

图 1-36 餐厅外立面

客从何处来甜品餐厅设计以沉浸式剧场为灵感，解构了传统用餐仪式的主客性质，有别于多数餐厅临窗座位最具吸引力的常态，而是将窗的功能融入室内建筑（图 1-37 和图 1-38），开出尺度不一的一幕幕框景，形成特定行为表现的聚光灯，借此突破商场店铺临街的一些缺点，同时创造出座位四周皆留走道的灵活空间。每个框内的景致皆成戏，显得立体而真实，实现了社群媒体熟悉的语言，也强化了人们取景和预期被观看的双向乐趣。

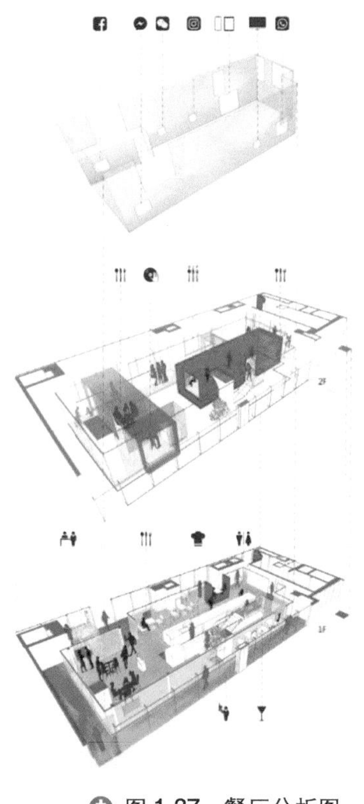

图 1-37 餐厅分析图

图 1-38 餐厅二楼俯瞰

在层层廊道与框景簇拥中，状似漂浮在空间中央的巨型朱砂红盒体最是醒目。有别于其他半透明介质，这座极富存在感的 VIP 室嵌于视觉轴心，犹如一座舞台，又如古典歌剧院主张隐秘性的 2 楼包厢，既显得高高在上又充满神秘，观看与被看的双重含义在此具象化（图 1-39）。

图 1-39　餐厅橱窗

1.4　卖场空间的照明应用

1.4.1　照明的具体功能

最根本的商店照明能够帮助零售商、商店强化购买行为分析中的“驻足”“吸引”和“引诱”这一三步曲，三步曲是最终完成购买的前奏。正如在 1.1 节中所指出的，人们已经由计划购物向随机的冲动购物转移，由必要消费向奢侈消费（超出必要程度的任何消费）转变。这种转变是因经济富足和未来学家奈斯比特所说的作为高技术的代偿而产生的，是一种只要我喜欢就买回家去的“高情感”，买回去可能才发现家里已经有了几件类似用途的东西。这有点像社会学家经常调侃的那样，女人在购物时，理智常常瞬时短路，明明衣柜里被 20 条长裙塞满，偏偏还要再买第 21 条。在这样的购买行为和购买心理下用照明吸引或引诱顾客，创造迷人的购物氛围，就变得非常重要了。

1.4.2　照明设计的基本原则——北京 VOGUE+BVLGARI 珠宝时装展览

1. 实用性

室内照明应保证规定的照度可以满足工作、学习和生活的需要。设计应从室内整体环境出发，全面考虑光源、光质、投光方向和角度的选择，使室内活动的功能、使用性质、空间造型、色彩陈设等互相协调，以获得整体环境效果。

如图 1-40 所示，入口处的空间视觉装置是由 VOGUE 不同时代的时装图片所构成高 8m 的图片墙，与对面的百叶镜面相对应，镜面贴合展览所在地——北京 798 艺术园区特有的老厂房的设计，利用光学和错觉尝试打破真实与幻象的界限，让观众能在空间中获得虚实交融的体验，成为幻象场景的一部分。

图 1-40　VOGUE+BVLGARI 珠宝时装展展厅入口

2．安全性

一般情况下，线路、开关、灯具的设置都需要可靠的安全措施，诸如分电盘和分线路要有专人管理，电路和配电方式要符合安全标准，不允许超载；在危险地方要设置明显标志，以防止漏电、短路等火灾和伤亡事故的发生。

3．经济性

照明设计的经济性有两个方面的意义，一是采用先进技术，充分发挥照明设施的实际效果，尽可能以较少的投入获得较大的照明效果；二是在确定照明设计时要符合我国当前在电力供应、设备和材料方面的生产水平。

4．艺术性

照明装置具有装饰商店卖场、美化环境的作用。室内照明有助于丰富商店卖场空间，形成一定的环境气氛。照明可以增加空间的层次和深度，光与影的变化使静止的空间生动起来，能够创造出美的意境和氛围，所以室内照明设计时应正确选择照明方式、光源种类、灯具造型及体量，同时处理好颜色、光的投射角度，以改善室内空间感，增强商店卖场环境的艺术效果。如图 1-41 和图 1-42 所示为展厅内部空间和物品的陈设。

1.4.3　照明方式的分类

（1）一般照明：指全室内基本一致的照明，多用于共享空间等场所。一般照明的优点是：①即使室内布置发生变化，也无须变更灯具的种类与布置；②照明设备的种类较少；③均匀的光环境。

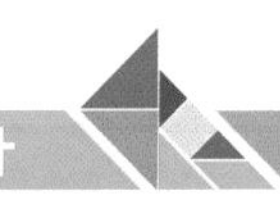

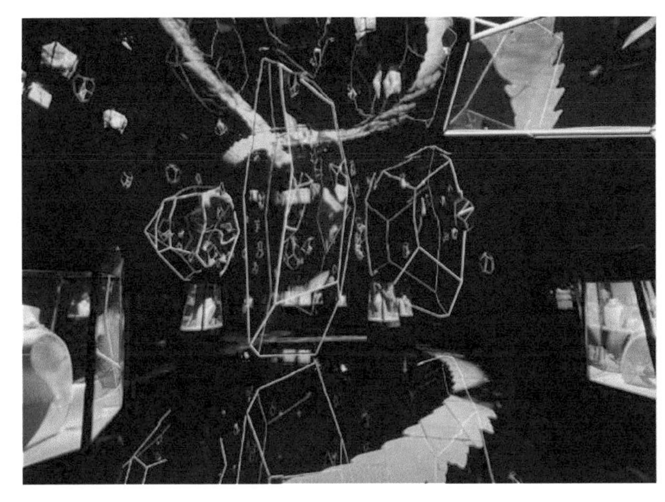

图 1-41　展厅内部空间

图 1-42　展厅陈设

（2）分区的一般照明：将工作对象和工作场所按功能布置照明的方式，而且用这种方式所用的照明设备也兼作卖场的一般照明。其优点是工作场所的利用系数较高，由于可变灯具的位置，能防止产生使人心烦的阴影和眩光。

（3）局部照明：在小范围内，对各种对象采用个别照明的方式，富有灵活性。

（4）混合照明：上述各种方式综合使用。

1.5　卖场中企业品牌标志的塑造

现代社会的商业竞争越来越激烈，在商品不断涌现的今天，标志设计代表着企业的品牌形象，被提升到了一个重要的地位（图 1-43 和图 1-44）。在激烈的商业竞争中，商品同质化的程度也在不断增加，品牌形象的重要性日渐凸显，因此，充分认识到标志设计在商业展示空间的重要性以及充分利用企业和商品特征设计出体现品牌形象的标志，是企业把握市场的关键。

图 1-43　LV 橱窗

图 1-44　JIMMY CHOO 外立面

1.5.1 标志设计及特征

标志在现代汉语词典中被解释为“表明特征的记号”，在现在经济环境下，标志属于企业的无形资产，代表了企业的形象，包括企业产品和服务、企业文化、企业实力以及企业的管理机制等内涵。企业品牌标志设计的主要特征体现为其具有的独特性、概括性和美学性。

标志设计代表企业的独特文化。在现代市场竞争日益激烈的环境下，各种商家、企业纷纷推出能够代表自己的标志（图 1-45），但是，只有造型独特、易于识记、内涵丰富的标志，才能在众多企业标志中脱颖而出，深入人心。

图 1-45　各种品牌的标志

标志是企业内部所有信息和服务的高度概括，其设计应充分考虑消费者的喜好、色彩的搭配、各种元素的应用方式等，是“将具体事物、场景等和抽象的理想、精神等通过特殊的图形固定下来，使人们在看到标志的同时自然地产生联想，从而对企业产生认同”，因此标志必须具备充分的概括性（图 1-46 和图 1-47）。

如图 1-48 和图 1-49 所示，标志设计的造型要符合美学特征，在有限的图形中囊括尽可能多的美学内涵，结构、线条、形象等都要为造型服务。同时图形是通过想象、色彩等多种方式加工而成的，在形式美的基础上具有了更深远的意境（图 1-50 ～图 1-52）。

图 1-46　喜茶外立面

图 1-47　喜茶内部空间

图 1-48　某服装店外立面

图 1-49　某服装店内部空间

图 1-50　某眼镜店外立面

图 1-51　某服装店外立面

图 1-52　某甜品店外立面

1.5.2　标志设计在商业展示空间设计中的塑造

商业卖场空间设计是指以商业交易为目的、用以展示相关商品的展示空间环境，是现代展示空间中的一种，主要包括各种商场、商店、超市、货亭、展销会等。商业展示空间通过各种相关元素的设计，如灯光、色彩、墙体、商品、商标等，为客户提供一种较为怡人的环境，激发其购买欲望，最终达到销售的目的。商业卖场打造的空间是城市的重要组成元素，商业卖场空间在展示的形式上也是多种多样的，具体可分为动态展示与静态展示，展示的设计包括室外设计和室内设计（图 1-53）。

1．代表品牌形象的标志成为商家的有力竞争武器

国际营销界最权威的机构——美国市场营销学会将品牌定义为“一种名称、术语、标记、符号或设计，或是它们的组合运用，其目的是借以辨认某个销售者或某群销售者的产品或服务，并使之同竞争对手的产品和服务相区别”。

(a)

(b)

图 1-53　Dekashell 服装店卖场空间

(c)

(d)

图　1-53（续）

标志设计代表了品牌的形象，如图 1-54 和图 1-55 所示。消费者对商品的接触、理解通常来源于品牌，而消费者的喜好、性格等主观因素会在一定程度上左右其对于品牌的理解和认知。在这个过程中，消费者对品牌和产品从关注到接受需要一系列复杂的心理过程，并且消费者更加相信自己的直观感受。商业展示空间则提供了一个空间上的平台，将众多商品陈列其间，旨在让消费者认识并接受这些产品（图 1-56 和图 1-57）。

图 1-54　标志设计（1）

图 1-55　标志设计（2）

图 1-56　商业展示空间（1）

图 1-57　商业展示空间（2）

著名设计师米尔顿·格雷瑟说过："商标就是品牌的切入点。"商业标志设计的成功往往意味着企业形象的定位成功。万宝路烟草公司的总裁麦克斯韦说过："形象就是企业发展的最大资产。"可见标志设计对于企业发展的重要性。

2. 独特的标志设计在商业卖场空间中能更好地吸引消费者

标志设计若能够塑造独特的、给人以视觉冲击力的图形标志，就能在众多的产品中脱颖而出，吸引顾客，从而引导顾客做出更快的购买决定。卖场展示空间是商品的宣传窗口，是连接顾客与企业的最佳途径。如图 1-58 所示，卖场空间的门面、墙体、橱窗等都是重要的部分，将各种元素与标志、展示道具等结合起来，可以营造一个更好、更和谐的展示空间。

图 1-58 品牌服装店橱窗

商业卖场空间与人所在的环境密切相关，设计时需要从城市的大环境出发，根据城市的整体环境包括人文环境和自然环境等特征进行综合规划设计。展示空间的主要目的是在最短的时间内吸引住人们的目光，传递出产品、服务等信息，所以在设计上最重要的就是要符合人们的"瞬间审美效应"。一个设计精美的标志能够在第一时间吸引消费者的眼球，从而顺利地将大量有利于商品销售的信息传达给消费者，增加消费者购买的可能性（图 1-59 和图 1-60）。

图 1-59 精美标志（1）

图 1-60 精美标志（2）

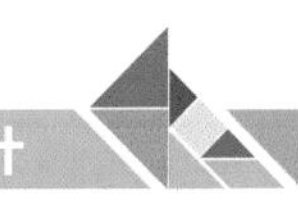

标志设计作为商家品牌形象的代表，在商业空间展示中有着举足轻重的作用。通过掌握和应用标志设计的独特性、概括性、美学性等特点，结合企业文化、企业产品，充分调查消费者的消费心理和同行业的企业情况设计品牌标志，可以更好地体现企业的品牌形象，给顾客留下较为深刻的印象，提高顾客对品牌的赞许程度和热衷程度，为企业在激烈的市场竞争中赢得有利的地位。

1.6 卖场的营业空间设计

1.6.1 商品货柜设计

售货现场设施及其布置取决于人体高度、活动区域、视觉有效高度等因素，同时应考虑造型风格、选材、色彩上的整体协调性，应使其符合人体工学，要易拿取商品，并方便使用，同时有利于烘托和突出商品各自的特性及营业厅的空间环境。

人的正常、有效的视觉高度范围为从地面向上 300 ～ 2300mm，重点陈列空间为从地面向上 600 ～ 1600mm，展出陈列空间为 2000 ～ 2300mm；顾客识别挑选商品的有效高度范围为地面上 600 ～ 2000mm，选取频率最高的陈列高度范围为 900 ～ 1600mm；墙面陈设一般以 2100 ～ 2400mm 为宜。2000 ～ 2300mm 为陈列照明设施空间。

如图 1-61 所示，柜台是供营业员展示、计量、包装出售商品及顾客参观挑选商品所需的设备，柜台或全部用于展示商品，或上部展示商品，下部用于储藏。在销售繁忙、人员拥挤的销售环境中，货柜需要储存一天销售的商品，可利用柜台的下部作为存放货品的散仓，也可作为营业员的私用空间。在传统封闭式售货方式中，柜台是必不可少的，且数量较多。在半开敞的营销方式中，货柜的传统形式已有所转变，更强调商品的展示作用。在数量上与货架相比已少了许多，而且更注重其自身的造型，把造型作为体现商品品牌、品位的方式之一。

图 1-61　某买手店前台

1.6.2 中庭和交通空间——法国巴黎春天商场中庭空间改造案例分析

在大型商场及购物中心常设有中庭，在其中设置自动扶梯和观景电梯，能够快速、大量地运送人流，成为人流交汇分流的交通枢纽，并起着引导人流的作用。当中庭设有多部自动扶梯时，有的扶梯可直达较高的楼层，使希望购买位于较高楼层商品的顾客交通路线更加便捷。自动扶梯与观景电梯在中庭空间内高低错落，人们川流不息，既丰富了中庭的景观，又达到了步移景异的视觉效果，增加了中庭的动感和节奏感，活跃了空间，加强了不同楼层的视觉联系；空间层次丰富，通透开敞，营造出人看人、人看商品的氛围。商场若有地下层营业厅，中庭往往从地下层开始，使地下层与地上层空间通过中庭贯通，减弱了地下空间的封闭隔离感。空间敞亮明快，具有吸引力，改善了人们多半喜爱在地面及以上各层活动的情形。

如图 1-62 所示，法国巴黎春天商场的中庭空间满足了人们对购物、休闲、观赏、交往等需求。中庭体现出时代的特色，成为发展趋势。

建筑师将一个纵向的圆顶（图 1-63，也称为“面纱”）引入了建筑的核心，这一做法效仿了商场建于 1894 年的标志性的彩色玻璃圆顶。整块面纱重达 24t，看上去如同漂浮在玻璃地板和镜面屋顶之间。面纱的高度为 25.5m，宽度为 12.5m，由白色的铝板构成，上面有大约 17200 个花瓣状的穿孔，孔洞上覆盖着一层双色玻璃，玻璃会随着人们的视角变化而发出彩虹色的光芒（图 1-64）。由两层铝板构成的花形浮雕是对古老彩色玻璃图案的重新阐释。重复的花纹逐渐变得失序，从而在白色的表面上形成一场色彩的“爆炸”效果。

图 1-62 法国巴黎春天商场的中庭空间

垂直交通的联系方式一般有楼梯、电梯和自动扶梯，根据商店的规模可单独使用或多家商店共同使用。楼梯、电梯和自动扶梯应分布均匀，保证可以迅速地运送和疏散人流。主要楼梯、自动扶梯或电梯应设在靠近出入口的明显位置。商店竖向交通的方便程度对顾客的购物心理、购物行为和商店的经营有很大的影响。

以楼梯解决顾客竖向联系的场所，楼梯数量不应少于两个，设置方式可以是开敞的或位于楼梯间内，其造型的艺术处理可以起到丰富营业厅空间环境的作用。

图 1-63　中庭“面纱”

图 1-64　花瓣状双色玻璃

如图 1-65 和图 1-66 所示，自动扶梯隐藏在“面纱”背后的单向镜面背后，顾客首先从镜面后方的无灯门廊登上通往各层的电梯。在 4 ～ 8 层，镜墙上的开口使“面纱”一览无余。行走于内部空间，“面纱”的孔洞随着不同的视角和时间带来不断变化的色彩和光线。作为主建筑的支柱结构，“面纱”为每个楼层提供支撑，同时将大楼的一部分历史带入现实的世界。

图 1-65　“面纱”后的手扶电梯

图 1-66　面纱背后的单向镜

1.6.3　展示空间及顾客用附属设施——上海红云下的青绿山水案例分析

营业厅中的服务空间内应设有一些附属设施，包括顾客用附属设施和特殊商品销售需要的设施，它们在商品销售、提高环境质量以及满足顾客需求方面具有重要作用。

大中型百货商场内应设卫生设施、信息通信设施及造景小品等，包括座椅、饮水器、垃圾桶、卫生间、问讯服务台、电话亭、储蓄所、指示牌、导购图、宣传栏、花卉、水池、喷泉、雕塑、壁画等内容，以满足人们购物之外的精神和生理需求，延长人们在商场中的逗留时间（图 1-67）。如果为增加营业面积而取消顾客用附属设施的设置，会使空间环境质量下降，减少营业额。

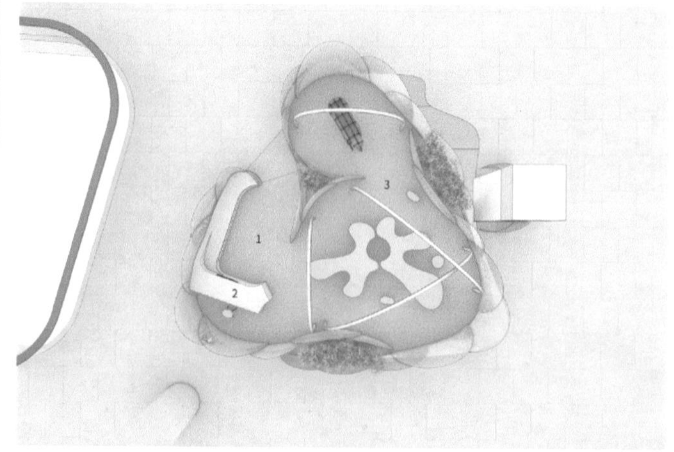

图 1-67　上海红云下的青绿山水的中庭空间

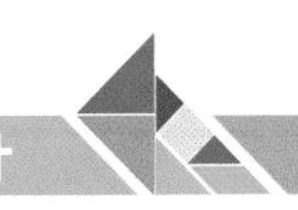

图　1-67（续）

客户通过红云下的青绿山水这个项目升级商场的服务，为访客提供一个可以休息和问讯的场所，周末则通过举办各种亲子活动，转换为孩子们的乐园，增强顾客的黏着度。接待台位于曲径一端，这里设置了儿童换鞋区和家长等候区。从接待台转进，豁然开朗之处就是儿童活动区。自由曲线的活动桌、动物造型的书架和飞虹造型的拱灯，营造了一个轻松活泼、抽象但美好的儿童新世界。

思考练习题

1. 卖场设计应当遵循哪些原则?
2. 色彩有哪些基本特性?
3. 如何做好卖场的色彩设计?
4. 卖场人工照明有哪些类型? 分别起什么作用?

第2章 餐厅设计

核心内容：

本章界定了餐厅设计的概念并进行分类，同时分析了餐饮空间的未来发展趋势。根据餐厅功能分区，结合相关案例，讲解餐厅外观、公共区与就餐区的设计。

相关知识：

- 餐厅设计的概念；
- 餐厅的类型；
- 餐厅设计的发展趋势；
- 餐厅外观设计；
- 餐厅公共区设计；
- 餐厅就餐区设计。

训练目的：

要求学生通过对餐厅设计概念、分类、发展趋势等内容的学习，对餐厅设计有初步的了解。基于餐厅功能分区内容，结合相关餐厅设计案例，深入探究餐厅设计的技巧。充分考虑影响餐厅设计的相关因素，并明确餐厅各组成部分的设计内容、设计要点以及注意事项，思考各种合理的设计。

2.1 概　　述

本章主要介绍餐饮空间设计、建筑设计和心理需求的公共空间设计。在餐饮空间中人们需要的不仅是美味的食品，更是一种使人身心彻底放松的气氛。餐饮空间设计强调的是一种文化，是一种人们在满足温饱之后更高的精神追求。

2.1.1 餐厅设计的概念

俗话说："民以食为天。"饮食在人们日常生活中占据着不可取代的重要位置。随着餐饮业的兴起，餐饮空间设计也应运而生。

餐饮的概念主要有两种：一种是饮食，如经营餐饮，提供餐饮；二是指提供餐饮的行业或机构，它们通过满足食客的饮食需求，从而获取相应的服务收入。不同地区、不同文化中的人们饮食习惯、口味不同，因此，世界各地的餐饮表现出多样化的特点。

从狭义上说，餐饮空间是凭借特定的场所和设施，为顾客提供食品和服务的经营场所，是满足顾客饮食需要、社会需求和心理需求的环境场所。从广义上来说，餐饮空间主要是指餐厅的经营场所。

2.1.2　餐厅的类型

餐饮空间按照不同的分类标准可以分成若干类型。首先，“餐”代表餐厅与餐馆，而“饮”则包含西式的酒吧与咖啡厅，以及中式的茶室、茶楼等；其次，餐饮空间的分类标准包括经营内容、规模大小及其布置类型等。

1．按照经营内容分类

（1）高级宴会餐饮空间

高级宴会餐饮空间主要用来接待外国来宾或用于国家大型庆典、高级别的大型团体会议以及宴请接待贵宾等。这类餐厅按照国际礼仪，要求空间通透，餐座、服务通道宽阔，设有大型的表演和演讲舞台。一些高级别的小团体贵宾用餐要求空间相对独立、不受干扰，配套功能齐全，有些还设有接待区、会谈区、文化区、娱乐区、康体区、就餐区、独立备餐间、厨房、独立卫生间、衣帽间和休息室等功能空间。

（2）普通餐饮空间

普通餐饮空间主要是经营传统的高、中、低档饮食的中餐厅和专营地方特色菜系或专卖某种菜式的专业餐厅，适合机关团体、企业接待、商务洽谈、小型社交活动、家庭团聚、亲友聚会和喜庆宴请等。这类餐厅要求空间舒适、大方、体面，富有主题特色，文化内涵丰富，服务亲切周到，功能齐全，装饰美观。

（3）食街、快餐厅

食街、快餐厅主要经营传统地方小吃、点心、风味特色小菜或中、低档次的经济饭菜，可适应简单、经济、方便、快捷的用餐需要，如茶餐厅、美食街、美食广场、大排档、粥粉面食店等。这类餐厅要求空间简洁、运作快捷、经济方便、服务简单、干净卫生。

（4）西餐厅

西餐厅主要是满足西方人生活饮食习惯的餐厅。其环境具有西式的风格与格调并采用西式的食物招待顾客，分传统西餐厅、地方特色西餐厅和综合、休闲式西餐厅。传统西餐厅主要经营西方菜系，是以传统的用餐方式和正餐为主的餐厅，有散点式、套餐式、自助餐式、西餐、快餐等形式；休闲式西餐厅主要是为人们提供休闲交谈、会友和小型社交活动的场所，如咖啡厅、酒吧、茶室等。

2．按照空间规模分类

（1）小型：指 100 ㎡以内的餐饮空间，这类空间比较简单，主要着重于室内气氛的营造。

（2）中型：指 100 ～ 500 ㎡的餐饮空间，这类空间功能比较复杂，除了加强环境气氛的营造之外，还要进行功能分区、流线组织以及一定程度的围合处理。

（3）大型：指 500 ㎡以上的餐饮空间，这类空间应特别注重功能分区和流线组织。

3．按照空间布置类型分类

（1）独立式的单层空间：一般为小型餐馆、茶室等采用的类型。

(2) 独立式的多层空间：一般为中型餐馆采用的类型，也是大型的食府或美食城所采用的空间形式。

(3) 附建于多层或高层建筑：大多数为办公餐厅或食堂。

(4) 附属于高层建筑的裙房：适合部分宾馆、综合楼餐饮部或餐厅、宴会厅等大中型餐饮空间。

2.1.3 餐厅设计的发展趋势

进入21世纪，世界经济有了大发展，中国面临着机遇，更面临着挑战。随着社会经济的不断发展，餐饮业在人们生活中所占位置日益重要，新形式的发展对餐饮空间设计提出了新的要求。

(1) 功能复合化：随着餐饮业的不断发展，餐饮空间发生了巨大的变化，饮食、娱乐、交流、休闲多种功能的交融已经成为餐饮业发展的大方向。在这样的背景下，餐饮空间从满足人们口腹之欲的场所转化成多元化、复合性的功能空间，这种转变迎合了人们喜欢多样化，追求新颖、方便、舒适的美好生活愿望，与时代发展和大众需求相契合。

(2) 空间多元化：现代餐饮空间的功能越来越多样化，为了与之相匹配和适应，各类餐厅的空间形态也呈日益多元化趋势发展。在中型、大型餐饮空间中，常以开敞空间、流动空间、模糊空间等为基本构成单元，结合上升、下降、交错、穿插等方式对其进行组织变化，将其划分为若干个形态各异、互相连通的功能空间。这样的组织方式可以使空间层次分明、富有变化，人们置身其中，可以充分体会变化的乐趣。

(3) 信息数字化：随着科技的发展，信息数字化已经渗入人们生活的每一个角落，餐饮空间也不例外。在许多主题餐厅里，利用数字媒体或者计算机控制的装饰物被广泛应用，有些以数字化媒介装置作为物品或者信息传递的主要途径，还有一些餐厅为了减少信息传递误差，节约传递时间，提升工作效率，选择计算机系统进行服务信息的传递。餐饮空间随着这些数字化方式的渗透也变得越来越便捷和人性化，这对餐饮业的发展无疑会有良好的推动作用。

(4) 材料绿色化：随着城市进程的不断加快，生活在钢筋混凝土里的人们离大自然越来越远，但也正因为这样，人们对健康环保的渴望日益强烈，也更加向往大自然，追求低碳生活。人们的这种追求促使设计者在进行餐饮空间设计时不得不考虑如何营造更为健康的生态空间。一部分餐厅开始将室外的绿色景观引入室内餐饮空间中，而更多的则是在设计时通过选择环保、健康的材料，尽可能选用自然材料对整体空间进行装饰，以达到营造健康的空间环境这一目的。

(5) 手法多样化：餐饮空间设计是随着整个行业的进步不断向前发展的。为了适应发展，满足使用者的需求，设计者在设计手法上不断创新，力求运用多种设计手法营造最佳的用户体验餐饮空间。近年来，交互设计法、数字化设计法、信息可视化法、景观室内设计法等都逐渐被应用到餐饮设计中。

纵观发展趋势，政策相对有所回稳，高品质餐饮的需求慢慢回归，并且越来越注重对于餐饮空间的设计以及品牌包装。另外，想做出好的设计，必须了解市场，了解包装。未来对餐饮空间设计需求会越来越大，并且更加偏向良性化发展。

2.2 餐厅外观设计

外观设计不仅能展现店主希望呈现的形象与概念，也将决定着其在复杂的视觉环境中能否脱颖而出，吸引顾客进店就餐。门面是餐厅转化为外部形象的直接展示，它是由外墙、大门、外窗等部分组成的。

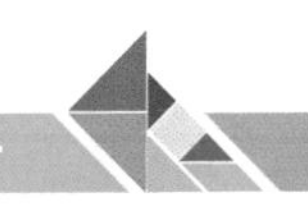

2.2.1　外墙设计——趣·构小龙虾馆设计案例分析

外墙是一个餐饮环境的“脸面”，是构成餐饮环境形象的关键部分。具有新颖独特风格的外墙、民族特色风格的外墙、简洁明快风格的外墙、古老庄重风格的外墙，都会给消费者留下深刻的印象。外墙的色调需要考虑自然光，尤其是阳光和室内灯光照射下以及装饰材料不同带来的差异。在外立面配色的选择上，可以选用同色系的色调，也可选用不同色系的色调。一般以明度较高的色调为宜，因为可以使餐厅显得更加明快、干净。

趣·构小龙虾馆设计案例将龙虾的造型进行解构（图2-1），虾尾部分为红白搭配，虾壳的腹部呈白色层叠状，犹如楼梯一般；虾尾背部的红色代表楼梯间的围合部分。龙虾最吸引人的应该就是两个巨大的虾钳，因此让这个部分呈现出一种左右对称的状态。两个圆镜是虾的眼睛。在材料与颜色的选择上，采用的是红色、白色以及木色（图2-2）。白色不仅与虾肉的颜色相呼应，同时也使空间得到一定的缓冲，突出了结构的特点。

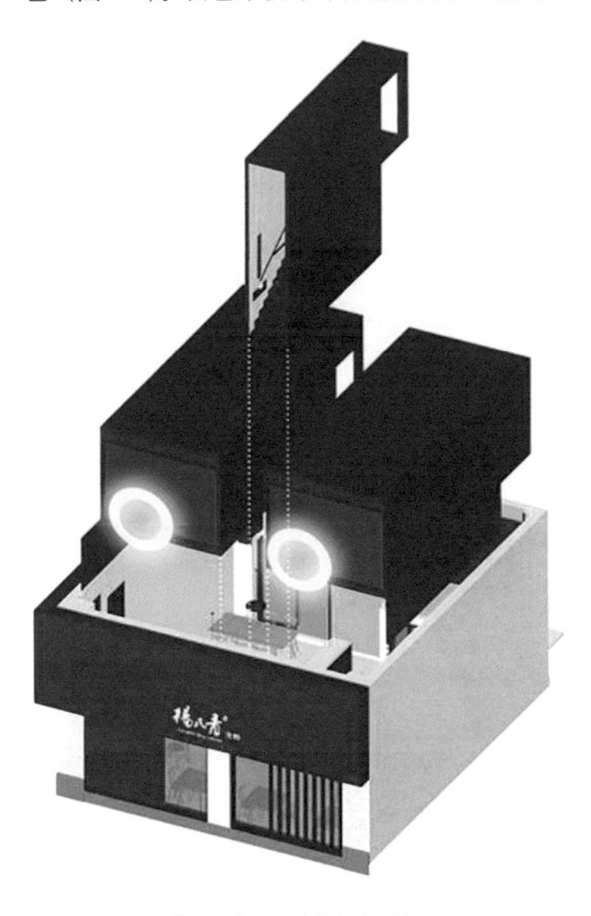

图2-1　小龙虾馆造型

图2-2　小龙虾馆外墙设计

2.2.2　大门设计——元古餐厅设计案例分析

在大门的选择上，一定要注意选择与外墙风格相匹配的样式。一般情况下，可以根据尺寸采用现成的型材。但在大多数情况下，大门也需要进行合理的设计，特别是对于希望强调个性的餐厅，大门的成功设计是整个门面设计中重要的一环。

元古餐厅位于一个国际化的商业体内。当传统和现代发生碰撞，从一个传统建筑的环境迁移到如此现代的环境氛围中时，需要把“胡同”里的气质带出来融入“世界”中（图 2-3）。

图 2-3　餐厅大门设计

餐厅面积仅有 90m^2（图 2-4），主入口右侧用外开折叠窗形式，模糊户内户外的界限，增加户内空气的流动。空间甚小，单面采光，外部有扶梯遮挡。为了凸显“古韵”的特质，墙面大面积选用夹杂“麦秸秆”的艺术漆，灰白呼应。空间格局上，借用中式园林“以小见大，曲径通幽”的手法，利用时间与空间互动的关系扩大“意识面积”。用中式格栅巧妙地围合出不同尺度的空间，蜿蜒曲折，延长在空间行走的时间。

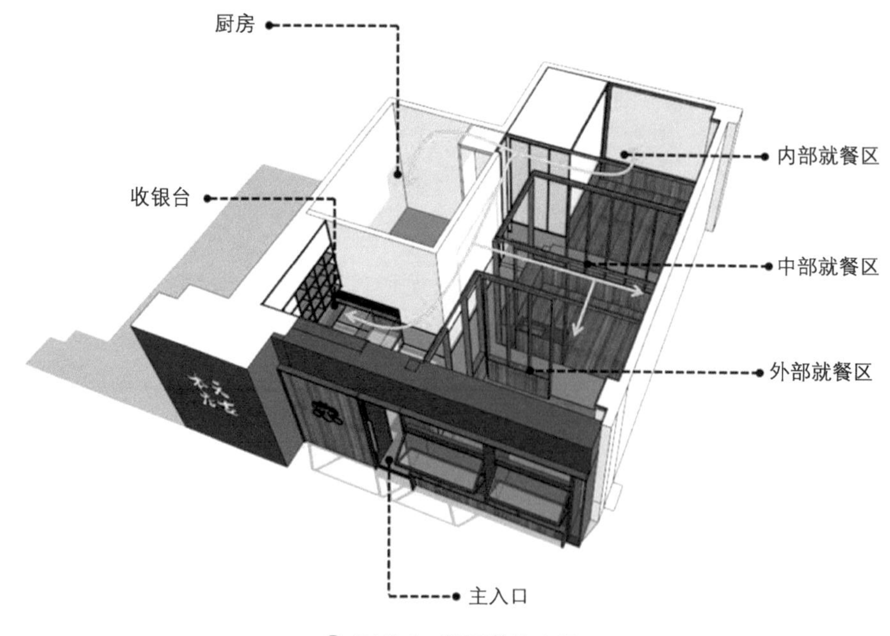

图 2-4　餐厅整体布局

2.2.3　外窗设计——台式饮食空间设计案例分析

餐厅是提供公众服务和彼此交流的场所，其中玻璃窗户的合理使用无疑是最有效地实现视觉交流的材料（图 2-5 和图 2-6），不仅可以增加室内与室外的交流，还可以改善光线，使空间最大化（图 2-7）。需要注意的是，玻璃窗在外立面材料的使用过程中所占比重需要适量控制，因为天气因素会对玻璃产生影响，所以选材时务必考虑材料的性能。

图 2-5　餐饮空间入口

图 2-6　餐饮空间外窗设计

图 2-7　室内空间

2.3　餐厅公共区设计

现代餐饮空间是由多个功能区域所组成的营业场所，它的各部分功能区域配置要服从餐饮空间经营内容和管理的要求。餐饮空间按其经营内容、性质、方式等的不同，可划分为各种不同的类型。各类型的餐厅，从空间的功能构成上都可简单划分为前厅与后厨两部分。前厅是面向顾客，供顾客直接使用的场所，如门厅、接待厅、散座、包间、洗手间等；后厨则是面向经营人员、厨房人员及服务人员的场所，如厨房、办公室、储藏室、更衣室等。前厅与后厨的关键衔接点是备餐间。

2.3.1 入口设计——99 岁的老字号同盛祥餐厅设计案例分析

餐厅的入口区是从顾客步入餐厅的地方开始，即从室外到室内的过渡空间，而不是简单的设施。门洞是整个空间的重要组成部分，扮演着故事开始和结束的角色。餐厅入口区的设计除了有助于顾客进入时保持井然有序，满足基本的空间过渡、顺畅地流动功能外，还要体现出自身的特色。因此，餐厅的入口区设计无论在材料、色彩、造型等方面既要满足功能需要，又要具备形式美感，突出个性和特色，使形式和内容完美结合。

（1）入口空间序列

从空间的节奏和序列对顾客的心理影响来说，入口区是让顾客从室外到餐厅内部空间的过渡区域，这就需要在大门和前厅服务区之间设立小型的玄关入口门厅，这样顾客在正式进入餐厅前能够有短暂的缓冲空间。

同盛祥是西安曲江大雁塔不夜城步行街内一个独体古建建筑，餐厅门头每一块砖都是独立的个体（图 2-8），用最朴实的红砖材质设计方式来表现理解中的老字号。

图 2-8 餐厅门头

一层与路面有 2m 的高差，入口的引入以及雅座区上下层的设计（图 2-9），将挑高的空间分割成了几块有趣的空间盒子，每个盒子根据角度设计了不同的入口，将人们引入下沉式的餐厅（图 2-10）。

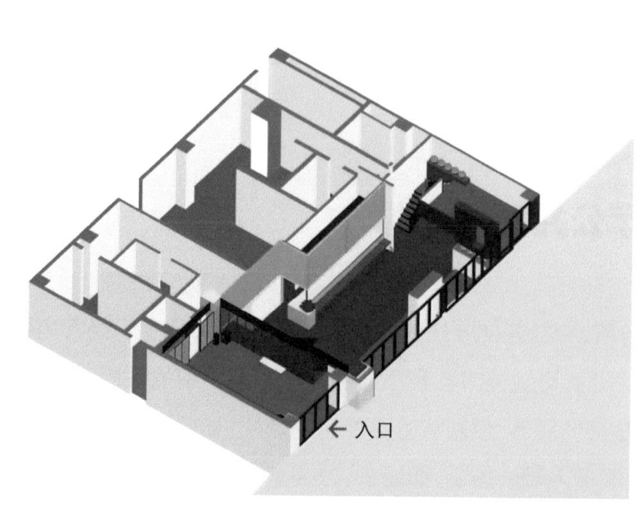

图 2-9 餐厅入口设计

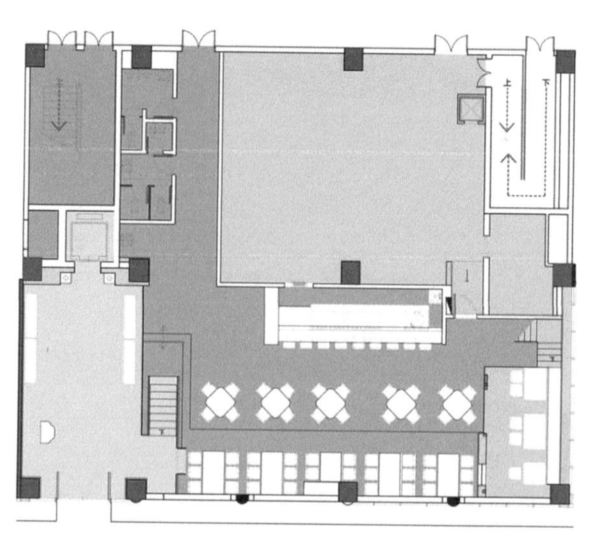

图 2-10 餐厅布局

（2）温度对入口设计的影响

从温度这一环境因素的角度来讲，入口门厅的气温应在合理的范围内，以使顾客在进入餐厅后感到舒适。比如在寒冷的气候条件下，餐厅的入口门厅可考虑设置双层门或防风门斗，以形成空气隔离带，使进门的顾客可以立刻感受到温暖。此外，门的结构和材质也会影响到顾客的心理感受，例如，双开的玻璃门会让顾客感觉清洁明快，也易于看到餐厅内的营业状况，正在就餐的顾客则可以看到餐厅外面的情景。

（3）光照对入口设计的影响

在光照方面，入口门厅处的室内光线要根据室外光线进行调节，比如顾客从耀眼的阳光下走进餐厅时，由于光线强度的不同，顾客会觉得很不舒适，甚至出现暂时看不清楚的情况。因此，入口门厅处的人工光照应具备一定的调节能力，达到缓冲的作用。

2.3.2　前厅服务区设计——云亭日料餐厅设计案例分析

前厅服务区是餐厅服务人员集中为顾客提供餐饮服务的区域。一般来说，大多数的餐厅都设有前厅服务区。从功能上来说，这个区域应该具备展示餐厅形象、提供点餐服务、接收和传递顾客信息、陈列餐饮商品、结账收银等功能。服务区一般配置计算机、账单、计算机收银机、电话及对讲系统、订座电话、计算机订餐系统、订餐记录簿等。

武汉云亭日料餐厅为矩形的平面布局，入口的设计将二层塑造为阁楼，打开的木悬窗将视线引向一层，以俯瞰的视角与来往食客做一次无声的交流（图 2-11）。

独立的接待台自成一景（图 2-12），大面积的火山岩板烘托出视线的焦点，自然的石材与遒劲的青松都预示着品牌的态度，从选料到制作展示的不仅是匠心的一面，也是对自然馈赠食物的一种尊重。

图 2-11　入口整体设计

图 2-12　接待台设计

2.3.3 候餐区设计——“嗨府”餐厅设计案例分析

候餐区是顾客等候就餐和餐后休息的区域。根据经营规模和服务档次的不同，候餐区的设计有较大的区别。经营规模和服务档次较低的餐饮场所，出于营业面积及营利性的需要，一般将候餐区的功能规置于入口门厅中，简易地布置一些沙发、座椅、茶几供顾客休息等候，不单独设置候餐区域；而经营规模和服务档次较高的餐饮场所，候餐区则会从入口门厅中划分出来，单独设置一块相对独立的区域，或设在包间内，强调其功能性并布置体现餐厅主题和文化内涵的装饰陈设品或室内景观。位于商业区中较大规模的餐饮经营场所由于就餐人流较大，为避免就餐顾客、候餐顾客及离去顾客在入口门厅中交会，影响交通流线组织，所以候餐区必须从入口门厅中划分出来，单独作为一个区域进行处理（图 2-13），并保持与入口门厅、就餐区的联系（图 2-14）。

图 2-13　候餐区设计

图 2-14　候餐区与入口门厅

2.3.4 通道区设计——岁寒三友高端私房餐厅设计案例分析

通道在餐厅内起着联结各个区域的功能，设计合理的通道是提高空间使用率，进而提高餐厅服务效率的有效途径。从实际使用功能的角度来看，大多数餐厅的平面规划，连接就餐区与公用区的通道都比较紧凑。一是缩短就餐路径，便于进入餐厅的顾客和等候的顾客及时用餐；二是促进信息交流，有利于服务人员及时向候餐顾客传递餐位信息，提升服务效率和品质；三是避免流线交叉，顾客在用餐完毕后可在前厅的服务区与亲友寒暄，或在结账后不经其他区域直接离开，避免路线的迂回，防止流线交叉带来的不便。对于休闲餐饮类空间来说，就餐区与入口区、候餐区之间一般会设置较长的走道进行连接，以体现特定餐饮空间经营的特点，因为这段通道周边的公共空间通常可以成为集中体现主题设计的区域。

岁寒三友高端私房餐厅是一个两层的商业铺面，空间通道的设计效仿了唐风建筑的风格，陈列式的胡桃木柱结构与天花板衔接（图 2-15），用简约的建筑手法诠释出室内局部与整体的相互成就（图 2-16）。在中轴对称的基础上，化繁为简，以现代的工艺与表现手法，重塑建筑之美。

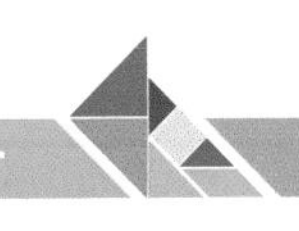

图 2-15 通道结构

图 2-16 通道局部与整体设计

2.3.5 洗手间设计

在餐厅空间构成中，洗手间是餐厅的组成部分，它虽然不像就餐区、厨房那样重要，但也是必不可少的部分。对于大多数顾客而言，到餐厅用餐都可能用到洗手间，但洗手间的设计往往会被忽视。随着人们对餐饮环境、氛围的要求不断提高，对洗手间也提出了更多的功能要求，而不再是当作餐厅的附属区域进行简单处理。因此，洗手间设计得好坏已成为衡量餐厅声誉、档次的标准之一，如果能有干净漂亮的洗手间体现在餐厅的设计方案中，便能反映出餐厅体贴顾客的服务态度（图 2-17 和图 2-18）。

图 2-17 台式饮食空间洗手间设计

图 2-18　花禾牛餐厅洗手间设计

2.4　餐厅就餐区设计

就餐区是餐厅空间的主体部分，也是餐厅的主要盈利场所，属于前台区域，位于入口处的末端，并与厨房相关联。就餐区在设计时涉及餐厅室内空间的尺度、功能的分布规划、来往人流的交叉安排、家具的布置使用和环境气氛的舒适等诸多内容，因此是餐厅空间设计的重点。

2.4.1　空间布局

1．就餐区的空间组织形式——泰式记忆元素餐厅设计案例分析

就餐区是餐饮空间的重点功能区，是餐饮空间的经营主体区，其空间的布置应能指引顾客和员工高效顺畅地来往于各个空间，且要主次分明、重点突出。在空间布置流线的同时要考虑餐椅的组合形式，如以菱形的组合还是以方形的组合；以规整的排列组合还是自由随意的无规则组合，是采用圆形桌、方形桌、长条形桌还是椭圆形桌，这些都是在空间布局的时候必须要考虑的内容。到底采用何种组合布局形式为最佳，这要根据就餐区空间的主题类型、空间的大小以及空间原始图的特点来决定。

泰式记忆元素餐厅设计提取有关泰式记忆元素作为设计切入点，赋予空间年轻、冷静、简洁又不乏温暖的美感，旨在进一步彰显空间与美食的融合（图 2-19）。

门头稳重的黑色暗示低调的开始（图 2-20），就如店名“一小间”，偏安一隅，独立不惹尘埃。推门而入，色彩以自然色贯穿空间并连接各区域。框架木结构的吧台独立在正门右侧(图 2-21)，对外配合门头设置折叠推窗，减少外卖取餐对室内的干扰。

场地设计上对视觉观感进行控制，通过绿植和纱帘的运用，营造出宁静且舒适的氛围。一方面外围线状分布的卡座区在视觉上横向延长空间深度，保留原始玻璃幕墙的通透，三道并列近窗高耸拱券在立面上拉升了空间高度；另一方面减少室外对室内的视觉污染（图 2-22）。不同材质的运用恰到好处地起到了造型对比的作用，使整个空间层次更为丰富（图 2-23）。同时还利用原始空间的弧形结构构思布局，以点、线、面的形式设置功能分区以赋予空间秩序感，在有限空间中划分独立区域围合成弧形卡座，以满足顾客的用餐需求（图 2-24）。

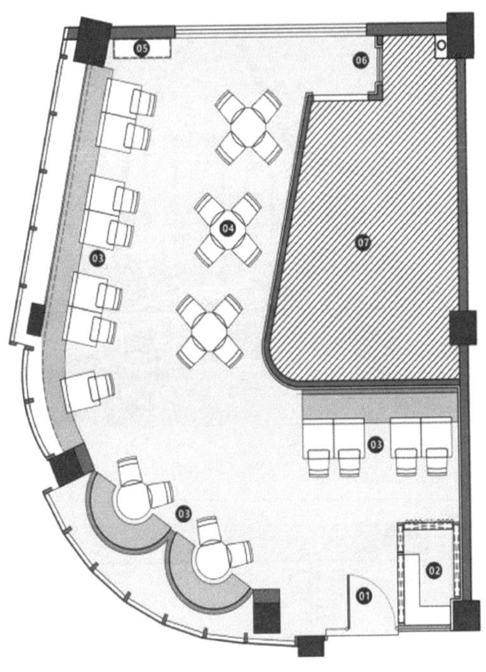

楼层平面布局

01 入口
02 吧台
03 座位
04 休息区
05 餐饮酒吧
06 盘子出口
07 厨房

N

0　1　3　5m

图 2-19　泰式记忆元素餐厅空间平面布局

图 2-20　餐厅门头

图 2-21　餐厅入口吧台

图 2-22　餐厅空间布局

图 2-23　餐厅空间层次

图 2-24　餐厅空间秩序

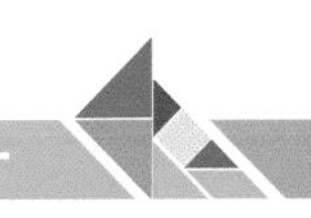

2．就餐区的空间开合设计——火锅餐厅设计案例分析

就餐区的空间设计需结合功能做到开合有序（图 2-25），开即需要有开敞空间，开敞空间强调内、外环境的交流与渗透，讲究通过对景或借景与周围环境融合（图 2-26）；合即需要有半封闭空间，在就餐区不宜出现完全封闭的空间，而半封闭空间既能有效改变空间形态、丰富空间效果，又能满足就餐者寻求私密和安全位置的心理需求（图 2-27）。就封闭手段来看，既可以用低矮的实体隔墙限定范围，也可以通过疏密相间的隔断围合，这种分而不断的封闭方式在适度隔离空间的同时，也能使空间变得流畅、生动。

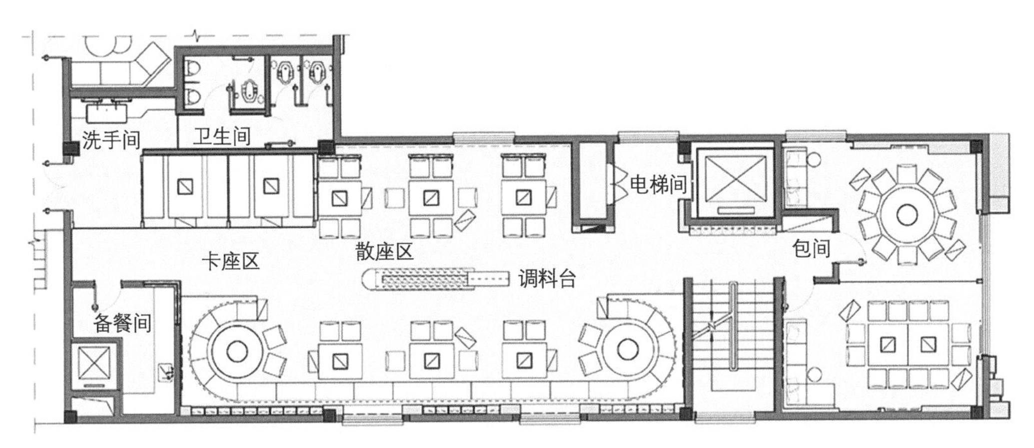

图 2-25　就餐区空间设计

图 2-26　开敞空间

图 2-27　半封闭空间

3. 就餐区的空间组合——“随性”餐厅设计案例分析

在进行餐厅就餐空间的平面布局设计时（图 2-28），要注意静态空间和动态空间，固定空间和可变空间，实体空间和虚拟、心理空间的组合关系。空间的动静、虚实之感通过完善的平面布局可表现出来，在平面布局时应注意避免太过静态的布局，空间会显得呆板、单调，而一味地动态布局则会使空间显得杂乱无章，缺乏秩序感和宁静感。因此布局要从整体着手，在局部上又要有变化，以求营造出动静结合、有主有次的流动空间（图 2-29）。

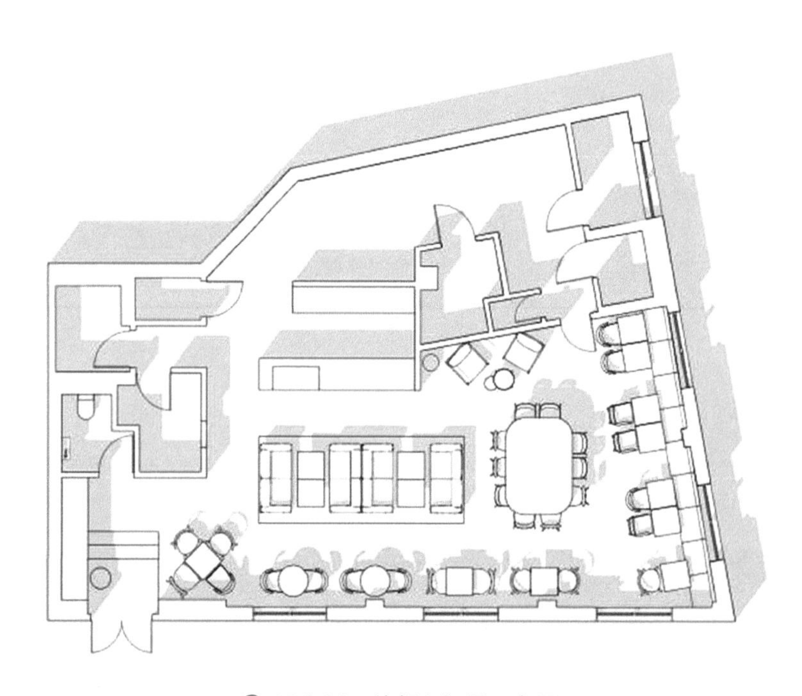

图 2-28　就餐空间平面布局

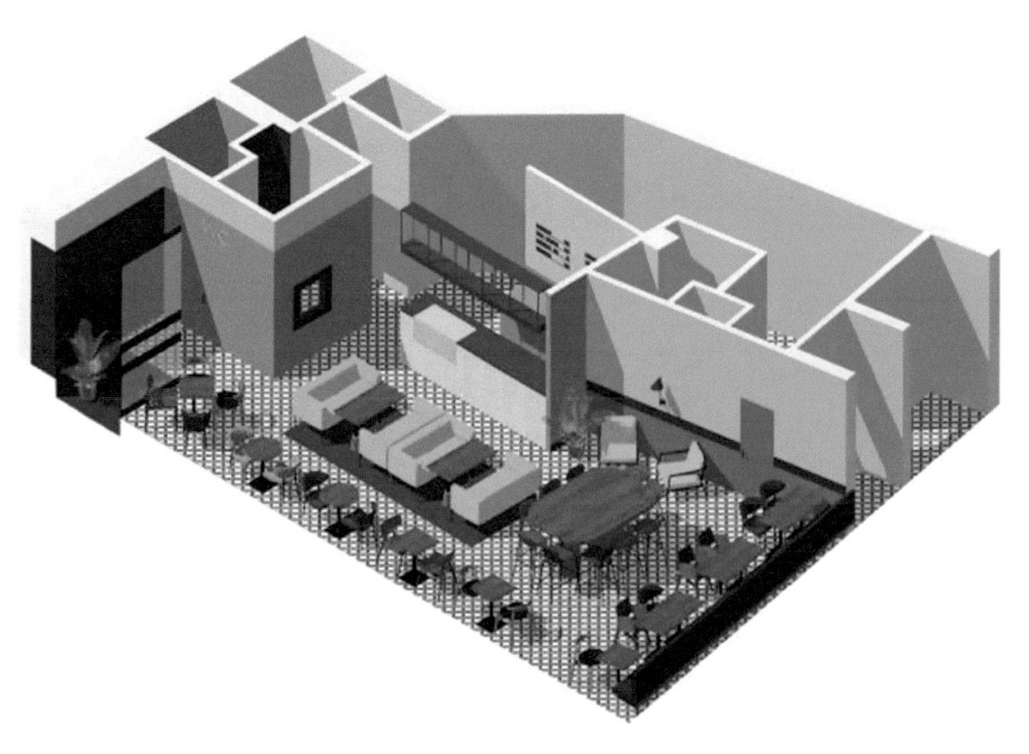

图 2-29　就餐区空间组合

2.4.2 软装设计——亲子餐厅设计案例分析

软装设计是关于整体环境、空间美学、陈设艺术、生活功能、材质风格、意境体验、个性偏好等多种复杂元素的创造性结合，软装的每一个区域、每一种产品都是整体环境的有机组成。在商业空间环境与居住空间环境中所有可移动的元素统称软装。判断一家餐厅是否吸引人，就要看它的软装设计师有没有用心（图 2-30 和图 2-31）。

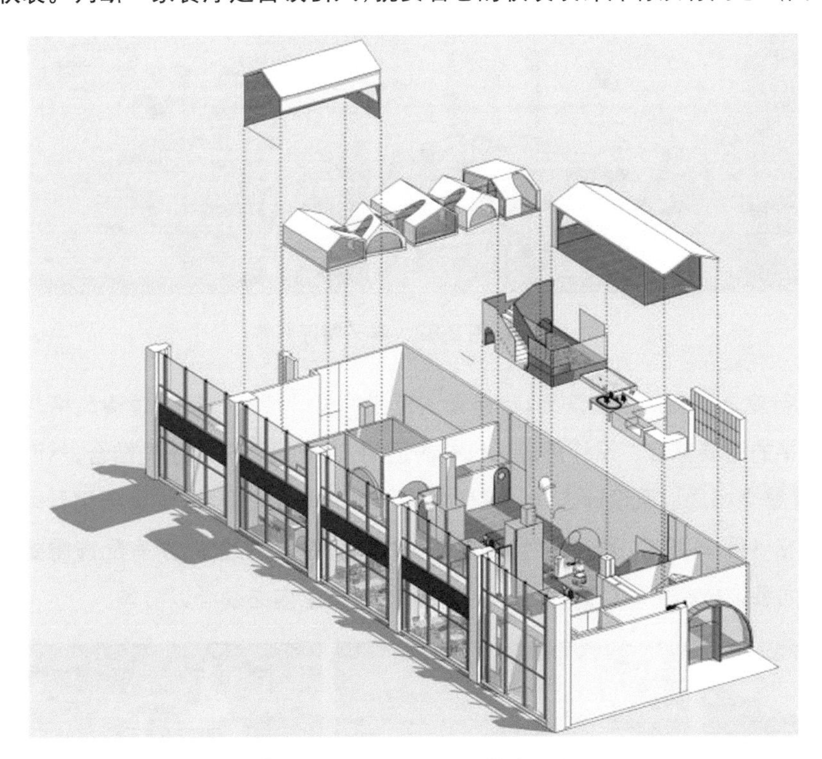

图 2-30　亲子餐厅整体环境

图 2-31　亲子餐厅设计风格

软装的元素包括家具、装饰画、陶瓷、花艺绿植、布艺、灯饰、其他装饰摆件等。只要有人类活动的室内空间都需要软装陈设。从视觉效果看，人们对色彩的反应较为强烈，配色设计与空间规划所营造的氛围能够直接接触碰到人的内心。而要想简单地就达到这种感觉，灯光是很好的营造气氛的工具，设计师对照明技术的运用和对灯饰风格的了解所陈列出的家居风格被消费者青睐，是十分常见的现象，正所谓灯光是空间的灵魂。

亲子餐厅将聚焦点放在为了照顾孩子无暇顾及自己生活，更遑论与青春年少时的朋友安安静静约餐饭的“爸爸妈妈们”身上。进入餐区，左手边便是主要的就餐大堂，白色的空间基调配上天花漂浮的圆形光圈灯具，有一种天空中梦幻般的感觉（图 2-32）。

图 2-32　亲子餐厅灯饰

风格在软装设计行业是必备的设计法则，也是无法逃脱的设计模式。能够理清风格，并能够熟练地运用，已经成为衡量设计师水平的重要标准。设计师讲求风格的运用，追求设计与风格的结合，然而风格在设计中是必备的，它的作用是为统筹整个布局以及设计走向。其实风格的概念非常抽象化，它需要用具体的家具、灯具、配饰的组合来构成特定的风格（图 2-33）。另一方面，风格是餐饮品牌选材的线索，所有配饰需要围绕一个统一的餐厅风格。虽然可以在不同装饰风格中展现设计，但是在风格的大框架内必须予以协调。

图 2-33　亲子餐厅风格

思考练习题

1. 餐厅空间动线如何安排?
2. 餐厅空间设计布局需要注意什么?

第3章
酒店空间设计

核心内容：

本章主要讲述中外酒店空间设计的发展历程以及酒店的分类和级别，系统地对酒店空间设计的基本概念、基本方法、基本程序和基本规范进行简洁明了的阐述；并通过案例深入分析和讲解酒店不同分区的设计要点。

相关知识：

- 酒店的发展历程、类型及级别；
- 酒店设计的制约因素；
- 酒店的各分区设计要点（大堂空间设计、住宿空间设计、通过空间设计、餐饮空间设计）。

训练目的：

了解酒店及酒店空间设计的发展历程，掌握酒店的种类和等级标准；通过部分中外著名酒店的简介，了解酒店空间设计的现状，把握酒店空间设计的风格和趋势；通过设计理论讲解及酒店不同分区的案例解析，帮助学生熟练掌握酒店空间设计的程序及方法。

3.1 综　　述

酒店是人类文明进步的产物。随着经济和社会的发展，人们的消费需求不断提高，从古老、简陋、单纯到现代化、多样化、产业化、规模化，它也经历了一个漫长的演变过程。由此形成的酒店文化正在创造时尚、引领潮流，用别具一格的特色把现代社会点缀得更加绚丽多姿，充满活力。

3.1.1 酒店及酒店空间设计的发展历程

酒店又称旅馆、宾馆、饭店、度假村等。它是在一定时段内，给宾客提供歇宿和饮食的场所。具体来说，酒店是以它的建筑物为凭证，通过客房、餐饮及综合服务设施向客人提供服务，从而获得经济收益的组织。酒店主要为游客提供住宿服务，也提供生活服务及设施，比如餐饮、游戏、娱乐、购物、商务中心、宴会及会议等（图3-1和图3-2）。

图 3-1　法国巴黎鲁特西亚酒店

图 3-2　德国柏林凯宾斯基阿德隆酒店

1．中国酒店的发展

我国是世界上最早出现酒店、宾馆的国家之一。从 2500 多年前孔子周游列国时的“逆旅”，到以后出现的“客栈”（也就是酒店宾馆建筑的原始雏形），后来随着各类人员流动和商品交换等活动日益频繁，比如公务往来的官差、走南闯北的商人、讲学设教的名流、不避寒暑的邮役、传经布道的宗教人士、求学赶考的莘莘学子、奔波谋生的平民百姓及寻欢游乐的达官贵人等，不同人群的不同喜好和不同需求推进着酒店业功能不断完善，规模不断扩大，由仅为旅客提供简单食宿等基本生存条件的居所，逐渐发展为包含多种服务功能、建筑品位不断上升、内部环境更加优美的公共场所（图 3-3 和图 3-4）。

图 3-3　酒店室内景观 1

图 3-4　酒店室内景观 2

1863 年英国人殷森在天津建造的利顺德大饭店是我国酒店建设的先河，成为国内第一家区别于传统旧式客店的旅游酒店。由此发端，我国真正意义上的酒店建设开始融入世界，在“西风渐进”中艰难地迈开了前进的步伐。

2．国外酒店的发展

从中世纪初到 19 世纪中叶早期工业革命时期 700 余年，是国外酒店业最早的母体形成时期。19 世纪 30 年代末，美国波士顿的特里蒙特饭店落成，标志着世界上第一座具有现代意义的酒店诞生。到 20 世纪 40 年

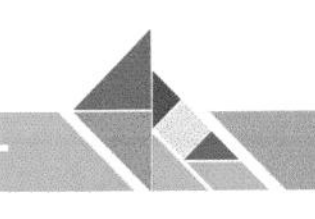

代中期，在这 100 多年中，酒店规模不断增大，功能不断增多，并且别具一格，凸显特色，已经成为投资者资产经营的重要领域。

第二次世界大战结束后，欧亚各国还在医治战争带来的创伤，进入战后恢复阶段，而美国本土的文化产业和商业活动已经发展起来。科技成果的推广和应用，促进了美国酒店业的快速发展，处于世界领先位置，较早形成规模，逐渐从城市扩展到海边。人们对酒店的需求也从单纯的食宿扩展到度假娱乐、休闲消遣等多方面的消费。20 世纪 50 年代后期，在美国酒店产业与酒店文化的引领和带动下，国外酒店业迎来了又一次快速发展的高潮，各种类型各个级别的酒店在世界各地星罗棋布大量涌现。可以说，现代酒店业起始于古老的欧洲，成长于追求个性解放、崇尚享乐主义的美国（图 3-5 和图 3-6）。

图 3-5　巴哈马天堂岛亚特兰蒂斯酒店

图 3-6　客房内部

酒店业伴随着人类相互交流和商品交换等活动的需求应运而生，又以工业进步和商业发达为基础，依托交通运输业的发展，逐渐拓展服务功能，拓宽服务空间，由孤立封闭状态转变为全方位开放型的公共场所，向人们提供饮食、住宿、交通、旅游、娱乐、购物等方面的服务。目前，世界各地都出现了“小客房”“大会议”“大餐厅”“大娱乐”“大休闲”等相结合的创新型模式酒店，成为当地文化、商业、餐饮、休闲、会务和庆典的中心，甚至成为一个地区或城市的标志性建筑（图 3-7 和图 3-8）。

图 3-7　法国巴黎雅典娜广场酒店

图 3-8　法国戛纳马丁内斯酒店

从驿站、客栈、旅馆到酒店、度假村等名称的演化，清晰鲜明地展现了酒店业由原始到现代发展的历史足迹。

3.1.2 酒店空间设计发展简介

1．中国酒店空间设计的发展

酒店空间设计是室内设计的一种。我国的室内设计源远流长，华彩纷呈。从5000多年前，人们开始为自己构筑只有简单生活条件的建筑物开始，室内设计和装饰就相伴其间。陕西西安半坡遗址的方形房屋，其建筑既照顾到使用的内部空间，又体现了居住环境功能性的布局。新石器时代的建筑物，在内部空间界面处理上就应用了绘画、雕塑、手工艺等原始艺术。我国的各类民居因地域不同、生活习惯不同，具有不同的人文特征，但普遍都采用梁柱承重、墙体围护，内部以隔扇、门罩等构成多种空间。官宦和丰裕之家还运用雕梁画栋、斗拱彩绘等进行美化，又采用各种陈设、字画等营造室内高雅富丽的意境和氛围。数千年的建筑文化、器物制造和各种室内装饰装修技术的发展，奠定了中国室内设计独有的文化特色。清朝末年，鸦片战争以后，一些中国建筑师从海外留学归来，把西方的建筑理念和风格引入国内，使我国的建筑与室内设计进入中西融合的时期。1949年以后，真正意义的室内设计逐渐有了一席之地，并与建筑技术联袂创作，在中华人民共和国成立10周年之际，推出了享誉世界的"十大建筑"，充分展示了中国传统文化的博大精深和典雅恢宏。历史表明，人类在追求基本生存条件的同时，对美的不懈追求一刻也没有停止。

紧跟改革开放的步伐，我国的酒店空间设计在20世纪80年代初进入了前进的快车道，由借鉴模仿到创新发展，继承传统，兼收并蓄，展现出勃勃生机，正魅力四射、争奇斗艳，为推进社会文明进步发挥着重要作用。

2．国外酒店空间设计的发展

西方室内设计的发展主要有以下几个阶段。

（1）古希腊、古罗马的古典四柱式与中世纪拜占庭风格、罗马风格、哥特风格的室内设计。

（2）公元15世纪初的文艺复兴运动，提倡人文主义，在古典形式基础上进行转化、修改和变形，加强了古典元素高度个性化的使用表现力，赋予空间强烈的手法主义特征。

（3）17世纪中叶以浪漫主义精神为基础的巴洛克风格和18世纪以精致华丽、流畅轻盈为特色的洛可可风格的室内设计。

（4）1919年，德国人格罗皮乌斯创建包豪斯学院，主张理性法则，强调实用功能因素。美国建筑师代表人物沙利文在倡导简洁风格之后，旗帜鲜明地提出了"形式服从功能"的现代设计原则。20世纪30年代柯布西耶把功能主义的观点上升到理论高度，在美学价值和现代技术之间建立联系。他们先后创立和发展了现代主义的设计思想，共同推动了室内设计的进步。

（5）20世纪60年代，美国建筑师文丘里提出传统和混合的审美思想，主张直觉性、个性化，反对绝对的功能主义，运用人们所能理解的语言将艺术性、装饰性与象征性融为一体，使人们产生回归历史和体验文化的印象，从而确立了后现代主义室内设计的地位。

随着西方酒店业的蓬勃发展，国际上兴起了一些专业化的酒店空间设计公司。这些由建筑师、室内设计师、艺术家及管理专家组成的设计班子，把酒店功能与文化和环境恰当结合，为大型酒店、跨国酒店提供设计服务，推出了许多美轮美奂的经典作品（图3-9～图3-11）。

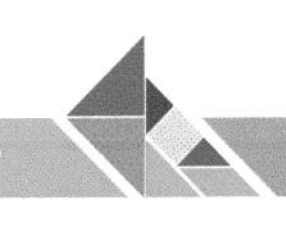

图 3-9　阿联酋皇宫酒店

图 3-10　土耳其玛丹宫廷酒店

图 3-11　迪拜卓美亚帆船酒店

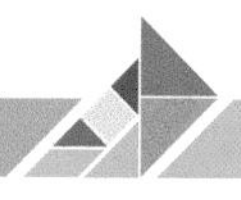

3.1.3 酒店类型及级别

1. 酒店的分类

(1) 经济快捷型酒店

经济快捷型酒店以客房为主,配套设施比较简单,一般只有一个自助区域作为餐厅,没有较多的公共经营区,客房硬件设施达到中档水平。为适应商务出差游客的实际需求和个性化的消费趋势,这类酒店提供清静、廉价、舒适的基本服务,具备便利的交通条件和经济实惠的消费价格。根据实际需求的不同,它本身也具有多种多样的类型,如旅游度假型、商务型、会议型等。

为保证相对低廉的运营成本,经济快捷型酒店软硬件设施一般都可达到或接近二、三星级酒店的标准。虽然习惯上有时也称其为有限服务酒店,但在具体经营中,仍然根据客人的实际需求提供各种方便、快捷和安全舒适的服务项目,使入住的客人产生宾至如归的感觉,以优质廉价拓展市场,巩固客源,发展自身,如锦江之星、中州快捷等。经济快捷型酒店占据市场的主流,其扩张速度远远高于豪华酒店(图 3-12 和图 3-13)。

图 3-12 锦江之星酒店

图 3-13 锦江之星酒店内部

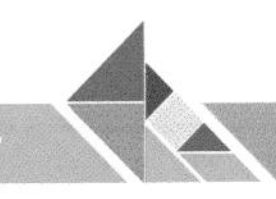

（2）商务型酒店

商务型酒店一般位于城市比较繁华的街区，以中高端商旅客源为主要服务对象。酒店配套设施完善，硬件标准和舒适性标准较高，有专门的商务（行政）楼层，具备开展高等级商务会谈的条件（图3-14和图3-15）。

图3-14 深圳维也纳酒店

图3-15 维也纳酒店会议大厅

（3）会议会展型酒店

会议会展型酒店一般位于城市商务中心区或虽在城市边缘但交通发达区域。这类酒店都拥有较大的会议宴会服务功能，有同时举办几个不同类型会议与宴会的条件，并且可以向周边写字楼用户提供多种现代化会议服务以及大量停车位，具有便捷畅通的交通条件。

（4）旅游度假酒店

旅游度假酒店一般位于基础设施较为完善、环境优美的风景胜地，或者经济发达城市的城郊接合部，有些也建在较远的自然风景区。根据旅游资源的不同，其休闲娱乐功能和环境景观表现也不同。目前，国际上流行的主要有海滨度假酒店、森林度假酒店、温泉度假酒店、水景度假酒店等几种旅游度假酒店，其相关功能完善，优美的自然景观和生态环境是其吸引顾客的巨大优势之一（图3-16和图3-17）。

图3-16 奎兹恩阿特度假酒店

图3-17 亚利桑那州大峡谷酒店

（5）公寓式酒店

为常住客人服务、以公寓形式出现的酒店称为公寓式酒店，其位置一般在城市商务中心或高档商住区。这类酒店主要特点类似公寓，拥有良好的居住功能和居家条件。酒店客房面积较大，一般不小于50m²。客房内客厅、卧室、厨房、卫生间一应俱全，有些还设置小型餐厅酒吧。客房配有全套家具电器和办公设备，便于客人自助餐饮

和办公，使其在办公之余，能充分享受温馨愉悦的居家之乐。

(6) 分时度假酒店

分时度假酒店就是将度假酒店某一房屋或别墅的使用权以星期为单位，一年按 52 个星期划分，分段销售给客人使用，使用期限长的可达 20 ~ 30 年。这类酒店一般都建在风光秀丽、环境优越的海滨城市或海岛上。

(7) 产权式酒店

产权式酒店是由房地产开发商将全部或部分酒店客房的产权预先出售给购房者，购房者不使用酒店，而是将其酒店产权委托给酒店管理公司经营运作，获取年度约定的利润分红。根据双方协议，购房者也可获得一定期限的免费入住权，享受一定时限内的酒店服务。目前国际上流行的大致有三种类型：一是时权酒店，即按约定期限使用酒店的权利；二是投资型酒店，作为一种投资行为，逐年取得约定回报；三是住宅型酒店，投资者购买后先委托经营，到约定期限后转为自己定居的住所。

2. 酒店的级别

三星级酒店：需设专职行李员，有专用行李车，18 小时为客人提供行李服务；有小件行李存放处；提供信用卡结算服务；至少有 30 间（套）可供出租的客房；电视频道不少于 16 个；24 小时提供热水、饮用水，免费提供茶叶或咖啡，70% 客房有小冰箱；提供留言和叫醒服务；提供衣装湿洗、干洗和熨烫服务；提供擦鞋服务；服务人员有专门的更衣室、公共卫生间、浴室、餐厅、宿舍等设施。(图 3-18)

四星级酒店：需要有中央空调（别墅式度假饭店除外）；有背景音乐系统；18 小时提供外币兑换服务；至少有 50 间（套）可供出租的客房；70% 客房的面积（不含卫生间）不小于 20m^2；提供互联网接入服务；卫生间有电话副机、吹风机；客房内设微型酒吧；餐厅餐具按中西餐习惯成套配置、无破损；3 层以上建筑物有数量充足的高质量客用电梯，轿厢装修高雅；代购交通、影剧、参观等票务；提供市内观光服务；能用普通话和英语提供服务，必要时能用第二种外国语提供服务。

五星级酒店：除内部装修豪华外，要求 70% 客房面积（不含卫生间和走廊）不小于 20m^2；至少有 50 间（套）可供出租的客房；室内满铺高级地毯，或用优质木地板或其他高档材料装饰；每个客房配备微型保险柜；有紧急救助室（图 3-19)。

图 3-18　三星级酒店客房

图 3-19　五星级酒店客房

3.1.4　星级饭店设计的制约因素

饭店因其规模、类型、等级标准、环境条件及营销战略的差异，其功能空间组织也略有不同，或重视餐饮的配置，或重视商务功能的设置，或重视客房的容量等，各具特色。

（1）流线。饭店的流线从水平到竖向，分为客人流线、服务流线、物品流线和信息流线四大系统。其中应考虑残疾人轮椅通道尺度，即最小宽度为 65cm，运行宽度为 90cm，上下车合理宽度为 140cm。

（2）酒店的精神取向总是离不开地域性，即在设计上要吸收本地的、民族的、民俗的风格以及本区域历史所遗留的种种文化痕迹。地域性的形成有三个主要因素：①本地的地质地貌环境、季节气候；②历史遗风、先辈祖训及生活方式；③民俗礼仪、本土文化、风土人情及用材。正由于以上的因素，才构架出今天饭店设计地域性的独特风貌（图 3-20 和图 3-21）。

图 3-20　不丹安曼酒店

图 3-21　迪拜水下酒店

（3）令客人感觉宾至如归、充满人情味，也是酒店设计的重要内容。不少酒店按照一般家庭的起居、卧室式样来布置客房，并以不同国家、民族的风格装饰各种情调的餐厅、休息厅等，来满足来自各地区民族、国家旅客的需要。它不但极大地丰富了建筑环境，也充分反映了对旅客生活方式、生活习惯的关怀和尊重，使旅客感到分外亲切和满意，体现出“以人为本”的设计理念（图 3-22 和图 3-23）。

图 3-22　安曼酒店内部

图 3-23　安曼酒店庭院美人靠

3.2 杭州湾铂瑞酒店案例分析——大堂空间设计

杭州湾铂瑞酒店坐落在国际级湿地生态旅游区——杭州湾国家湿地公园，是一个关于“鸟”的生态环保度假别墅群。酒店以倡导人、建筑与生态环境三者的和谐共处为设计理念，运用了“鸟居”元素，并融合自然景观打造而成（图 3-24）。

图 3-24 杭州国家湿地公园

杭州湾国家湿地公园位于浙江省宁波市杭州湾新区西北部，杭州湾跨海大桥西侧，总面积 43.5km²，是中国八大盐碱湿地之一，世界级观鸟胜地。为了保护鸟类的活动环境，建筑主体及空间内部主要采用了原生的木、石、棕草等自然材料，使屋顶变成了鸟的窝，成为一处人与鸟自然栖息的绝佳场所（图 3-25）。

图 3-25 杭州湾铂瑞酒店外观

3.2.1 大堂概述

酒店大堂是宾客出入酒店的必经之地，也是宾客办理入住与离店手续的场所。它是整个酒店的枢纽，是通向客房及公共空间的交通中心。其设计布局及独特氛围给客人的第一印象，直接影响酒店功能的发挥，关乎酒店的对外形象（图 3-26）。

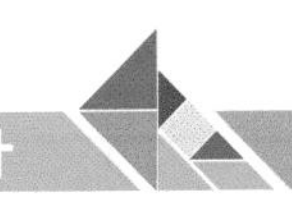

图 3-26　杭州湾铂瑞酒店大堂

酒店大堂设计要依据酒店的总体策划定位进行，遵循“以客人为中心”的服务宗旨，注重利用各种设施和幽雅环境给客人以舒适轻松的身心享受和视觉美感。同时，要在“力求酒店的每寸土地上都要挖金”的经营理念下，注意充分利用大堂宽敞的空间开展各种经营活动。

功能是大堂设计中最基本也是最“原始”的层次。大堂设计的目的，就是为了便于各项对客服务的开展，满足其实用功能，同时让客人得到心理上的满足，获得精神上的愉悦。所以大堂设计时，应考虑以下功能性内容：

- 大堂空间关系的布局；
- 大堂环境的比例尺度；
- 大堂内服务场所（如总台、行李房、大堂吧、休息区等）家具的陈设布置和设备安排；
- 大堂采光；
- 大堂照明；
- 大堂绿化；
- 大堂通风、通信、消防；
- 大堂色彩；
- 大堂安全；
- 大堂材质效果（注重环保因素）；
- 大堂整体氛围等。

除上述内容外，大堂空间的防尘、防震、吸音、隔音以及温湿度的控制等，均应在设计时加以关注，以满足其各种功能要求放在首位（图 3-27）。

3.2.2　大堂分区设计

杭州湾铂瑞酒店总台由服务台、背景墙、总台办公室、监控室、储藏室等组成。它是酒店的经营中心，也是来客的视觉中心，其主要功能是：客人出入酒店的结算登记、咨询、服务指令、信息交换、货币兑换、贵重物品存放、服务交接办公等。

图 3-27　杭州湾铂瑞酒店大堂总台

总台设在大堂最显眼、客人来去最便利的位置，结合湿地公园的区域位置，形式以船为载体，以增加通透效果，扩大流通空间。

为了使建筑物低姿态融入环境，外形古朴、原始、轻盈，设计师大量使用了独特的漂流木，最大化地保留湿地公园原有的地形与地貌的绿色均衡，很好地营造了别墅群的静谧与返璞。漂流木从陆地诞生，随海浪漂流，当再次返回大地之时，“饱经风霜”的旅程和历练过后使其具备耐水耐腐蚀的特性。既保持了度假别墅的闲适特色，又延伸了湿地公园的自然生态景观。

曾有专家做出如下评价：“它已经在水里泡了很多年了，晒干以后进行特殊处理，具备了耐水耐腐蚀的特性，然后再把它一块一块做在墙上，这个做法一是延伸了地方的文化，二是会让人感受到那种淳朴的自然气息。还有一点就是质感，有些木材按压起来还会有点软，让人接触到上面时十分舒适。做设计不仅是要做视觉，我们还要做触觉。”（图 3-28）

图 3-28　杭州湾铂瑞酒店大堂局部天花

背景墙是酒店风格、品位、特色的象征，有画龙点睛的效果。采取高度凝练的艺术手段进行精心设计，或简洁大气，或意境悠远，使客人欣赏之余，品味酒店深厚的地域文化蕴涵和丰富独特的精神追求（图 3-29）。

图 3-29　杭州湾铂瑞酒店大堂立面

曾有一位哲人说过，“鸟与人的距离，就是文明的距离”。杭州湾湿地公园是国家级观鸟胜地，别墅群围绕着不少供观赏的火烈鸟、孔雀以及白鹭，在这里，客人可以真正感受到“鸟与人为邻，人以鸟为友”的和谐关系（图 3-30）。

图 3-30　杭州湾湿地公园观鸟胜地

设计团队还创造了鸟与人融合的系列雕塑、灯具、艺术装置作为室内装饰，人与鸟的外在结合更好地体现出人与自然同生共存的内在自然观（图 3-31）。

图 3-31 杭州湾铂瑞酒店大堂“鸟”元素装饰

总台办公室供大堂副理和总台营业人员更衣、办公、交接手续等使用，提供各种基本的办公设施。同时储藏间用于客人贵重物品和临时物品的存放。保安、监控、消防系统是酒店最重要的安全保障区域，主要负责整个酒店的安保和消防。应该使用现代化的数字式技术，建立智能化的、高可靠性的消防系统。

酒店保安系统要求很高，应采用数字式技术，建立智能化、人性化、可靠的保安系统。对特殊贵宾，可与非接触式射频卡（一卡通系统）联动，使客人在不知不觉中享受到严密的保卫；并可把高级客房区监控起来，使没有射频卡的人进入以后受到保安系统的跟踪监视（图 3-32）。

图 3-32 某酒店监控室

3.3　KARESANSUI 言 · 意酒店案例分析——酒店住宿空间设计

言 • 意酒店位于云南香格里拉独克宗古城北门街措廊 46 号，距离四方街仅需步行三分钟，拥有得天独厚的地理优势。言 • 意酒店历时近两年时间建造而成，建筑群依坡而建。言 • 意酒店的建筑由 6 栋小楼以及一栋藏房组成，前厅大堂及餐厅所在的两栋建筑，视觉上犹如飘浮在空中，整个建筑群高低起伏、相互交错，楼与楼之间以走廊桥梁相连接（图 3-33 和图 3-34）。民宿共计 15 间客房，还设有大堂、餐厅和茶室，每间客房都设有入户的独特设计，展现出独特的美感，同时也给客人带来了私密的体验。

图 3-33　建筑外立面

图 3-34　建筑外立面夜景

其中一栋建筑完整保留了原始藏式结构，设计师提取了当地的藏式元素融进建筑及室内设计中，窗的设计也采用借景的手法，客人在房间透过窗户便能看到窗外美好的景致，蓝天白云，日出日落，大自然馈赠的美景犹如挂画一般，透过这些窗户展现在眼前。新时代建筑与藏房的结合自然和谐，宛如天成。整个民宿体量虽不大，但精美别致，空间功能分区布局巧妙，恰到好处。建筑与周边环境、民宿客栈完美融合，却又出类拔萃，被当地委员会称赞为香格里拉最美的民宿之一（图 3-35 ~ 图 3-37）。

图 3-35　建筑入口

图 3-36　建筑走廊

图 3-37　酒店客房

3.3.1　住宿层规划及平面布局设计

酒店的住宿空间即酒店客房区域，是酒店的基本设施和主体部分。作为酒店客人住宿和休息的场所，其营业收入是酒店收入的主体，也是酒店经营利润的主要来源，所以客房的设计和经营对酒店的经济效益和社会声誉有着至关重要的作用。

酒店住宿空间的规划设计，在突出其安全性、舒适性、私密性、便利性的前提下，要做好以下几方面的工作。

其一，根据酒店的整体定位，确定住宿空间特色化的设计方向和设计风格（图 3-38）。

图 3-38　酒店客房装饰与建筑、当地环境相呼应

其二，结合酒店主体建筑结构，科学规划客房层在酒店的最佳布局，以及客房在客房楼层中合理的面积比例（图 3-39 和图 3-40）。

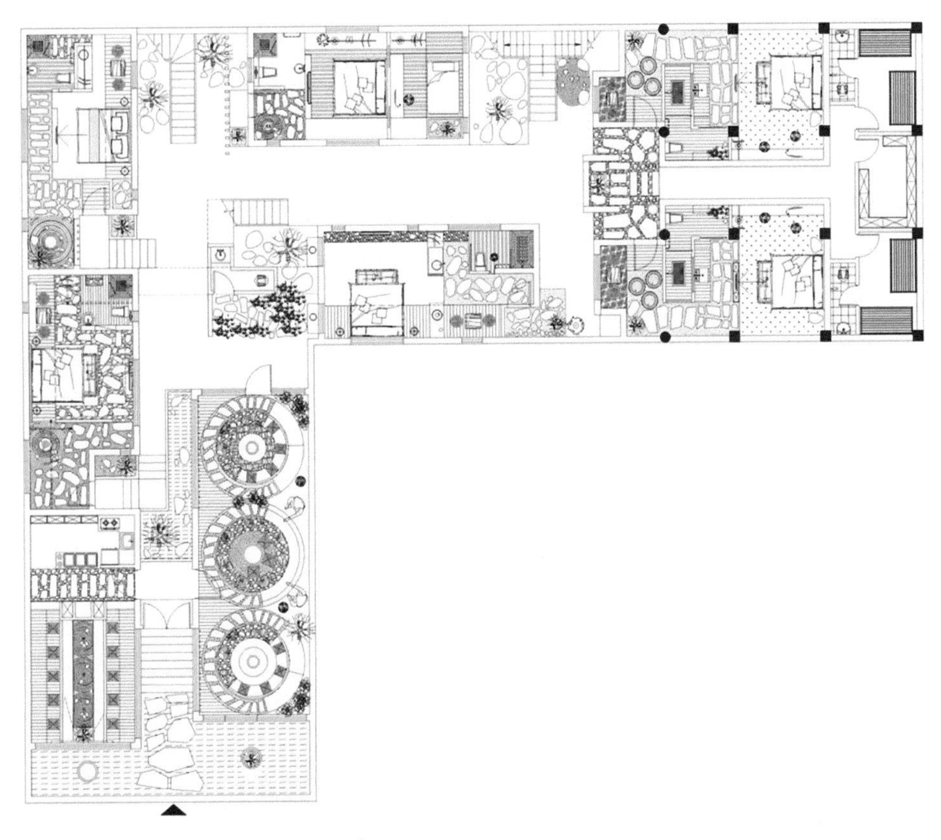

图 3-39　一层平面图

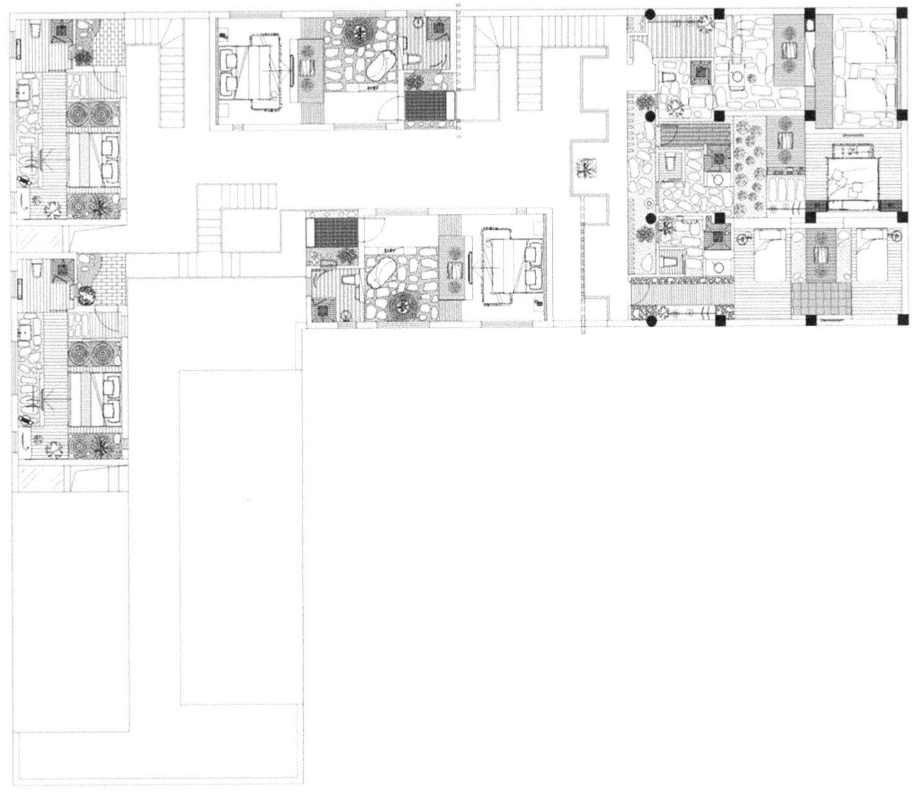

图 3-40　二层平面图

其三，依据酒店的功能定位和市场需求，规划住宿空间各类客房不同的功能设置和房间面积。

其四，依据酒店客源情况和客人消费趋向，划定不同类别客房的适合区域和数量配比，如标准房、套房、豪华套房、无障碍客房的位置和数量比例。

其五，综合考虑酒店投资规模及限定性因素，制定不同类别客房的硬件标准，决定其材料档次和施工工艺。

言・意酒店住宿层平面布局规划与主体建筑结构和周边地域环境息息相关，内庭通过连廊穿插，同时设置垂直交通和景观节点，客房根据建筑的结构进行相应的围合，富有变化的景观节点和连廊也增添了住宿的体验感。

目前国内外酒店住宿层的平面布局主要有以下几种类型。

（1）中廊式：也称内廊式，即客房走廊穿客房楼层中部而过，客房分设其两侧。由于这种形式的走廊利用率高，节省楼层空间，故采用者居多（图 3-41）。

图 3-41 中廊式酒店平面图

（2）侧廊式：也称外廊式，即走廊在客房的一侧，这种形式适用于海滨及风景名胜区，目的是使客房具有理想的朝向和优美的户外景观。由于走廊面积占客房层面积比例较大，故经济性较差。

（3）中庭式：酒店主体建筑中央是内院或中庭，客房平面四周围合，回形走廊一侧为客人提供了赏心悦目的景观，提升了酒店的品位。上下楼层多为观光电梯。

（4）内环式：酒店主体建筑中央为核心筒，走廊围绕筒体呈单一环状形态，客房设在走廊一侧，上下酒店交通以中部内藏电梯为主。

3.3.2 酒店客房设计

客房设计重点要考虑两个基本因素： 一是房型限制，二是消费需求。目前，国内外酒店客房设计丰富多样，功能布局新颖时尚，传统的、呆板的客房形式已经随着时代的进步而被逐渐淘汰。考虑不同的房型及房内管道井、卫生间等限制性因素，设计不同的客房布局样式；根据不同客源的消费需求，确定客房的各种功能设置。简言之，就是以房型定布局，以需求定设置，这一设计思路正在成为业界的共识，这种设计方法也被广泛采纳。

根据笔者对国内外酒店的考察，目前各类酒店客房房型基本有长方形、正方形、偏方形、圆形、不规则形等几种，客房内客、卧、卫也不一定固定在一个方位。

言・意酒店客房的基本功能是衣物存放、睡觉、办公、休闲、会客、娱乐、洗漱等。相应设置通过区、储物区、睡眠区、办公区、休闲会客区、娱乐区、卫浴区等。言 • 意酒店客房的娱乐区选择了中式意味的茶台、蒲团，同时利用天井增加客房采光，引入自然景观（图 3-42）。

图 3-42　客房完备的功能区

客房是酒店硬件的主要部分，其设计质量直接影响着酒店的经营。

一般情况下，客房入口通道部分设有衣柜、迷你柜、穿衣镜等。在设计时要注意以下几点。

（1）衣柜门的轨道要用铝质或钢质的，不要发出开启或滑动的噪音。

（2）衣柜采用推拉门，方便又节省空间，柜内灯光自动开闭。

（3）保险箱如在衣柜里不宜设计得太高，以客人完全下蹲时能使用为宜。

（4）天花独立，因内藏空调一般高度为 230cm 左右，与客房产生先抑后扬的感觉。

酒店客房内部设计，要综合考虑统一安排功能、风格、人性化三项主要内容。功能服务于物质，风格服务于精神，人性化是对物质与精神融合后实际效果的检验与深加工。如果功能设计有缺陷，风格设计再突出也没有太大的意义；如果功能设计很全面，但缺少风格上的魅力和特点，也会降低客房的品位和价值；功能和风格都不错的酒店客房，如果不从人性化的角度出发，做一些更细致更深入的设计，也会留下不够舒适、不够精致的印象。把握好这三个设计的要素，充分发挥这三个要素的作用，客房设计就有了质量保证，它们的共同目的就是为酒店赢得品牌和经营上的真正成功。

酒店客房为基本功能进行的设计，主要体现在客房建筑平面、家具平面、水电应用平面、天花平面的布置中，以及在这些平面设计中已经定位的门窗、家具、洁具、五金和主要电器设施的选择。

客房平面布局越来越多样化，新奇独特，不拘一格，使入住客人每次都产生不同的新鲜感受。图 3-43 平面布局草图仅作参考。

由于限定性因素较多，所以其基本布局和功能设置都要根据主体建筑和酒店定位的具体情况进行合理安排。室内设施和材料均使用优质品牌产品，防水、防霉、使用方便、防变形、易清洗、易维修。

设计手法上力争做到 “小而不俗，小中有大”，利用虚实分割手法、利用镜面反射空间、利用色彩变化或者采用一些富有创意的趣味设计，产生新奇独特的效果。

界面设计应注意以下几点：

① 天花一般采用轻钢龙骨、防水石膏板、乳胶漆。整洁，易于打理（图 3-44）；

② 墙面采用自然石材、玻璃、墙砖或与防水墙纸混用造型。营造个性，体现风格；

③ 地面采用自然石材、地砖。注意防滑，安全舒适（图 3-45）。

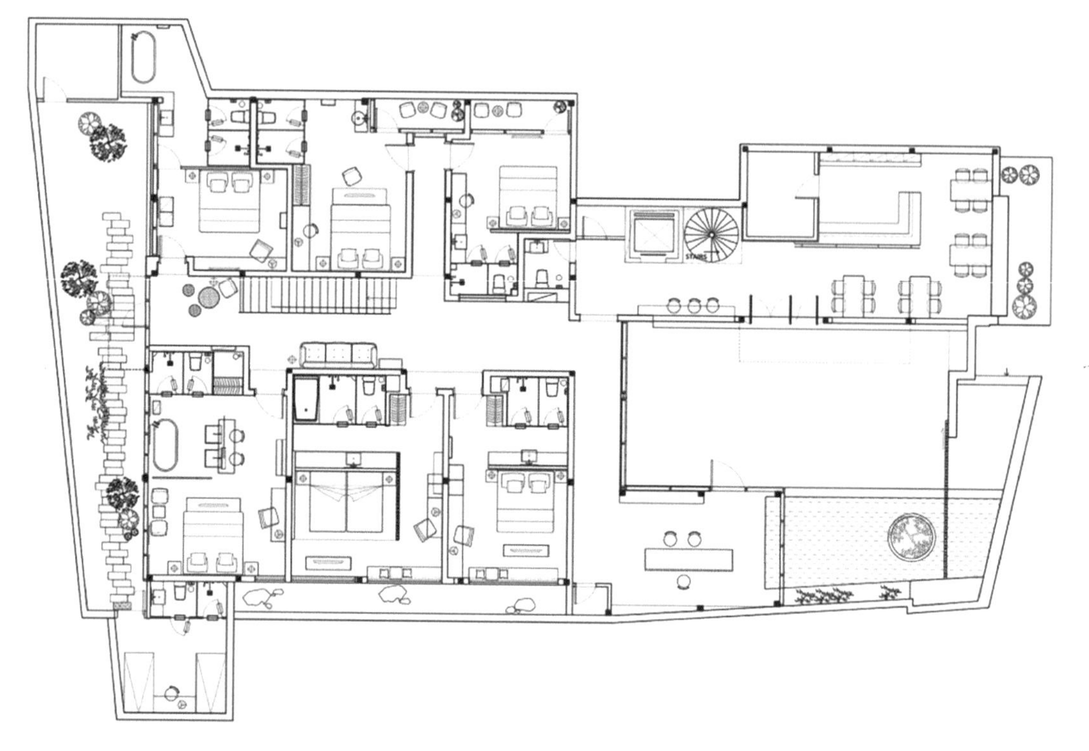

图 3-43　酒店内不同户型平面图

图 3-44　天花、墙面的防水设计

图 3-45　木、砖、瓦打造的自然浴室空间

3.4　芭提雅希尔顿酒店案例分析——酒店通过空间设计

芭堤雅希尔顿酒店是泰国最美丽的酒店之一，其超现代的设计与东南亚地区传统美学结合形成一个独特抽象的艺术作品，时尚与典雅的优美建筑创造出新的功能，为客人提供了一个安静的环境。酒店位于海湾城市的心脏地带，占地约为 205 万平方米，拥有超过 300 个国际商店和餐厅，一个 10 屏幕电影院和一个保龄球馆（图 3-46）。

图 3-46　芭提雅希尔顿酒店

该酒店由曼谷的建筑事务所设计，酒店内部的室内设计提取了海洋元素，拥有一系列模仿海浪涌动、沙滩及水下景色的装置。走廊和过渡区域做了很多具有雕塑特色的处理，强调了这些特定空间，鼓励参观者进入这些区域中。

3.4.1 酒店通过空间概述

芭提雅希尔顿酒店首层大厅、十七层的主要大厅、酒吧、众多的公共空间和连接空间都分别进行了各具特色的设计。酒店是芭堤雅一个大型综合体的一部分，可以鸟瞰芭堤雅海湾。酒店大厅和酒吧在较高的十七层，远离地面的喧嚣。进入大厅的另一侧迎面是电梯，出电梯则是开阔的空间。

酒店通过空间也就是我们通常所说的酒店交通空间，它属于过渡空间，是整个酒店的通行脉络，起到联系、连接酒店各功能空间的作用。虽然是辅助空间，但其具有引导人们进入各自所需的功能空间的重要作用（图 3-47）。

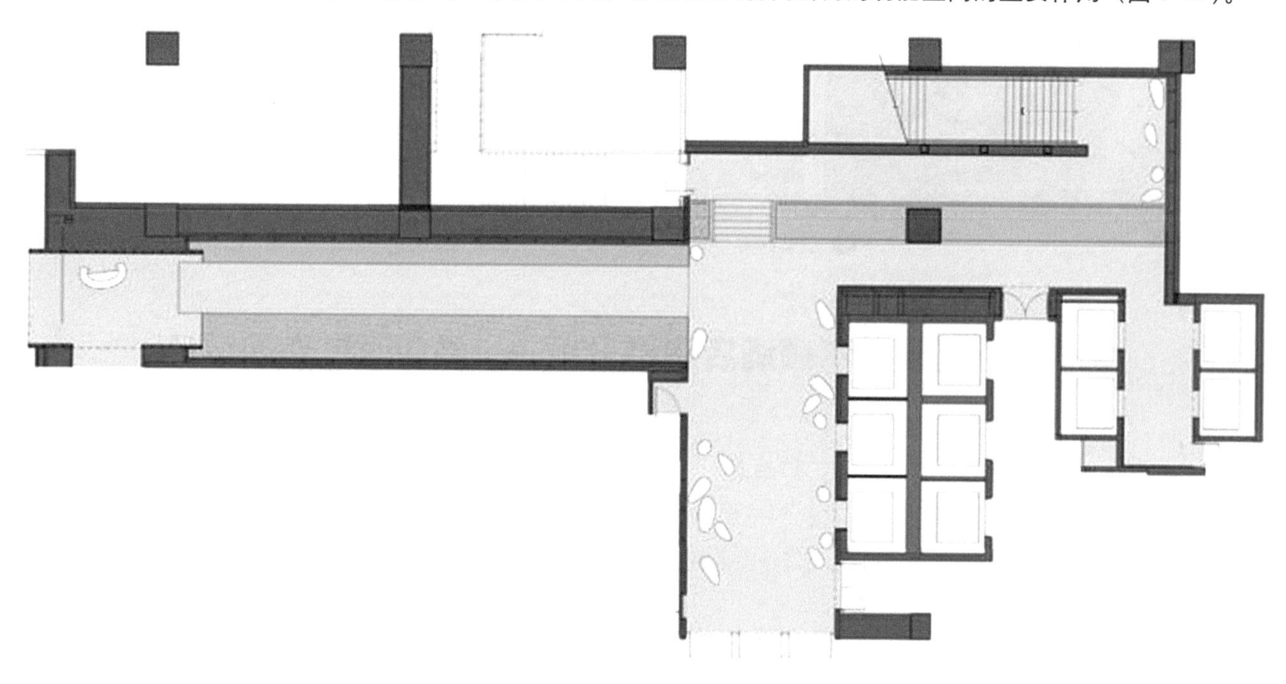

图 3-47　芭提雅希尔顿酒店通过空间平面图

3.4.2 酒店通过空间分区设计

设计师希望将酒店的各种联系空间，从电梯厅到餐厅走廊、到停车场以及其他空间，都变成是有趣的、理想的联系空间，让人们感受小小旅途的快乐。这些过渡空间给人序列型体验感，实用又与众不同（图 3-48）。

电梯厅是客人分流的集散地，设计上应宽敞、明亮、简洁和便于交通。电梯厅是根据电梯的位置设置的，一般应处于视觉上容易辨认的位置，方便客人识别，提高使用效率。电梯厅可为客人提供休息座位、茶几等，也可以陈设一些艺术品，提高空间品质，但是不能妨碍流通。电梯厅照明必须设置独立线路，并且达到足够的照明强度。电梯厅通常一排最多设置 4 部电梯，如果需要设置更多的电梯，那么电梯应设置成每排 4 部的面对面的排列方式，两排电梯之间的等候厅需要足够宽敞以容纳较大数量的人群，厅宽 3.5 ～ 4.2m，安装先进的指示灯和开启控制装置。电梯厅进行分组的方法也用于区分电梯所服务的区域或楼层，以及通往顶楼观光餐厅等处的快速电梯等。

图 3-48　芭提雅希尔顿酒店电梯厅

走廊是联系酒店各个空间的过渡空间。宽敞的走廊中部或两端，有时可以设为部分空间的休息厅。大多数走廊交通流线较长并且呆板、缺乏生气，给人以单调感、冷清感，少有视觉冲击，因此酒店走廊设计中常设置景观、小品、艺术品等，活跃空间气氛，但是不宜过于夸张，避免产生喧宾夺主的效果。另外，明亮柔和的光照、淡雅的色彩、优雅的装饰画也可起到烘托走廊氛围的作用，消除走廊的单调感（图 3-49 和图 3-50）。

图 3-49　芭提雅希尔顿酒店走廊

任何一栋酒店建筑都具有水平或垂直交通，并在室内形成交通流线网络。通道空间有时是有形的，房间和交通部分分隔相当明显，通常称为走道式；有时是无形的，分隔并不明显，通道线路融合在厅室之中，但可根据家具布置和活动规律加以分析和辨认，通常称为套间式。通道集中的地方，称为通道枢纽或通道中心，一般位于酒店建筑的中心地带。对高层酒店建筑来说，更有其特殊要求，在结构上常称为核心筒体，成为高层建筑设备核心区。在核心筒体内，常包括电梯、消防电梯、电梯厅、防烟楼梯、公用部分（卫生间、库房）、设备空间（风道、冷热水管、

图 3-50　芭提雅希尔顿酒店通道

空调箱、空调机组等)。智能化酒店建筑一般也常在公共交通中心、公共楼梯间位置,根据综合布线要求设置电缆竖井、专用房（包括设备房）等。交通联系空间的布置和组织是否合理,直接影响着酒店的安全性、舒适性、经济性及整体形象。

走出酒店 17 层的电梯就是宽敞的大堂（图 3-51）。大堂有着像海浪般的天花造型。造型由织物组成,简单且宁静。灯源为条形,隐藏在织物后面,夜晚灯光具有恰到好处的柔和。酒吧在大堂的一侧,背景墙是与天花板一脉相承的条形木条墙面,空间内的天花板是动感的线条设计,它的流动性模仿客流的走向,形成统一的美感。天花板下面则是安静平和的设计,为人们带来静谧的空间。超大的柔软家具为客人提供了舒适和轻松的座位。家具中有镜面可以使视野更开阔。室外是酒吧休息区,天空与灯影倒影在水面上,感觉投入了大海与海风的拥抱。主入口是酒店内外空间的交界处,也是人流交汇、疏散最集中的区域,在通过空间中占有重要的地位,构成酒店的主要特征,因此必须宽敞便利。入口门厅要求有足够的照明强度,以达到醒目、方便的目的,地面要求耐磨、防滑、易清洁。入口门的设置必须与当地的气候条件及酒店的等级、特点等要素相联系,以决定其位置等。门的类型有弹簧门、旋转门、感应门等。旋转门、感应门的一侧或两侧常设置平开门以备不时之需。平开门和感应门通常需要设置双层门或风幕机,减少室内外空气直接对流,减少热损失,达到节约能源和节省运营成本的目的。

芭提雅希尔顿酒店的花园位于超级购物中心之上,是一个屋顶花园（图 3-52),在设计师开始设计的时候,商场已经建好了,因此不能为了设计而修改任何的结构。设计师到达场地后发现了以下特点。

（1）屋顶有个巨型天窗,可以把光带到商场；天窗不能承受任何荷载,设计时不能加以利用；预算当中不包括装饰这个天窗的费用；天窗一半是玻璃,一半是混凝土,混凝土的部分被设计师伪装成了草。

（2）天窗占了中间的区域,因此只能在天窗周边狭窄地区设计；区域如此有限,还必须为健身房和卫生间留出场地。

（3）有异型屋顶,这是因为购物中心的入口空间造成；这样的边缘使设计要做到简洁很难。

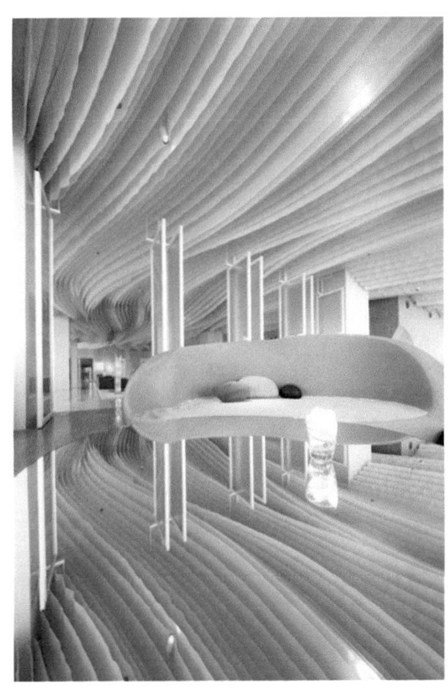

图 3-51 芭提雅希尔顿酒店大堂

图 3-52 芭提雅希尔顿酒店屋顶花园

设计师巧妙地处理场地关系，使之分为三个部分。

(1) 入口：酒店大堂在 17 层，客人乘坐电梯到达这里。当他们看向院子时，可以直接看见泳池周围穿比基尼的人，因此设计师把这里处理成单独封闭的区域，同时延续大堂设计的概念，并植入景观设计的要素。

(2) 阳光甲板：阳光甲板空间不多，并且还要在这里设计出健身房和卫生间。因此设计师将健身房和卫生间的屋顶利用，并与花园进行很好的关联，18 层的酒店客人还能从这里直接走到花园。同时设置了合理的流线让游泳的客人不用穿越大厅就可以回到自己的房间。

(3) 泳池：花园只有一个地方能放下足够大的泳池，没有其他选择。虽然屋顶边缘不规则，但是泳池还是用简单的曲线设计出来，并分为游泳池、戏水池、水力按摩池、儿童池。受到鱼群的启发，在池底做了丰富的灯光设计，在夜间，池底就像有鱼群在游动，有星星在闪烁（图 3-53）。

图 3-53　芭提雅希尔顿酒店屋顶泳池

本项目的设计师 Pok Kobkongsanti 是 R.O.Pterrains+Open Space 的创始人，拥有 15 年的景观设计经验，2000 年毕业于哈佛大学，业务主要在美国和亚洲。他擅长干净优雅的景观设计，并不局限于“现代”范畴，同时为每一个场地打造独一无二的专有景观。景观是景与观的综合统一体。“景” 指一切客观事物的外在形象，有景物、景色、风景等含义；“观”是人对“景”的各种主观感受，有观察、观赏等意思。景观设计主要包括自然景观和人文景观两方面。自然景观是天然形成具有观赏价值的景色；人文景观是人们创造的具有人类文化价值的可供观赏的景物。景观设计就是用艺术创造手法把两类景观恰到好处地移到酒店室内外，营造所需要的气氛。

酒店景观设计规模通常较小，常设置于建筑周围、门厅、大堂、走道等位置，起到美化环境的作用，给人以舒适优雅和亲切自然的感觉。通过空间景观的设置可以减弱室内空间与室外空间之间的对立，使室内与室外空间融合，进行自然过渡，柔化生硬的室内空间环境，减少突兀感，使其更加生态化、人性化。

通过空间设置景观可以起到转换空间的作用，灵巧地遮挡视线、隐蔽空间、阻挡气流，起到与屏风功能相似的作用。

安全通道是辅助型交通空间，在发生地震、火灾等紧急突发事件时，起到使人群在最短时间内撤离酒店的作用。安全通道在高层建筑酒店中尤其重要，在低层酒店一般与客流楼梯通用。部分酒店也用于员工通行和物品出入。楼梯只作安全通道时，基本不装饰。

高层酒店安全通道尽管使用频率较低，但设计时一定要严格遵守规范，决不能敷衍凑合。安全出口应分散布置，相邻两个安全出口的最近水平距离不应小于 5m。走道最小净宽，侧廊型客房不应小于 1.3m，中廊型客房不应小于 1.4m。客房最远点至安全出口的最长直线距离不应超过 30m。疏散门要采用双向弹簧合页，可双向开闭，不应采用卷帘门、旋转门、吊门、推拉门等影响疏散速度和容易发生危险的门种。疏散楼梯和走道上的阶梯不应采用螺旋楼梯和扇形踏步。安全出口处不应设置门槛、台阶、屏风等影响疏散的遮挡物。疏散门内外 1.4m 范围内不应设置踏步。安全通道内必须设置明显的疏散指示标志和符合规范的应急照明灯具。

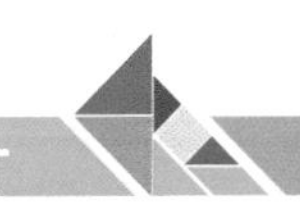

3.5　北京三里屯通盈中心洲际酒店案例分析——酒店餐饮空间设计

北京三里屯通盈中心洲际酒店设计的灵感来源于建筑外立面六边形钻石的元素，通过对钻石形成的分析：由粗犷的原石不断提炼，最终形成精美的钻石。设计运用钻石的切割及光泽的特点来塑造空间，从建筑感的平面布局到立面的细节都贯穿这一初衷。

设计方希望打造一个“新雅皮”风格的酒店。之所以说“新”是因为以前一说到“雅皮”容易联想到的是积极上进、自信坦然、温文尔雅、追求时尚生活，但色彩上却往往只有黑、白、灰。而我国香港郑中设计事务所为三里屯洲际酒店打造的是新雅皮风格，依然追求甚至引领时尚潮流，但是色调却不是只有黑、白、灰，甚至用宝石蓝作为主色调，营造未来感兼科技感的前卫氛围（图 3-54 和图 3-55）。

图 3-54　洲际酒店外观

图 3-55　洲际酒店大堂

3.5.1　酒店餐厅功能空间概述

餐厅空间在现代酒店中具有举足轻重的地位。餐饮经营收入弹性较大，在酒店整体收入中占有很大比重。因此，餐厅空间设计在酒店总体设计中具有很重的分量。

酒店中的餐厅空间，一般包括中西餐厅、酒吧、咖啡厅等。餐厅除提供正餐外，有些酒店还增设早茶、晚餐、小吃等项目。一些酒店餐厅内设有钢琴演奏、小型乐队、歌舞表演等，以提高餐饮的品位。

三层共有 5 个餐厅，食客们可以根据口味和心情轻松选择。首先进入人们视线的是奔放的“热点”西班牙餐厅及“热点”吧，红色配上铜管隔断将西班牙风情演绎得恰到好处；以“爱马仕橙”为主色调的中餐厅“盈”环绕着日本料理店；开放式工业风的“恰”牛排馆及酒廊与“盈”餐厅“两两相望”，酒廊正对着三里屯酒吧街，夜晚坐在酒廊面对着三里屯的霓虹闪烁，氛围热烈却不拥扰。

在我国的饭店建设上，中式餐厅占有很重要的位置，因为它符合中国大众的饮食习惯，且民族传统气氛浓郁，在室内空间设计中通常运用传统形式的符号进行装饰与塑造。例如，运用藻井、宫灯、斗拱、挂落、书画、传统纹样等装饰语言组织饰面。又如，运用我国传统园林艺术的空间划分形式，拱桥流水、虚实相形、内外沟通等手法组织空间，以营造中国传统餐饮文化的氛围（图 3-56）。

图 3-56　三层的“盈”中餐厅

中餐厅的入口设计面积应较为宽大，以便人流通畅。入口处常设置中式餐厅的形象与符号招牌及接待台。前室一般可设置服务台（水酒吧台）、休息等候座位。餐桌的形式有 8 人桌、10 人桌、12 人桌，以方形桌为主，如八仙桌搭配太师椅等家具。同时，设置一定量的雅间或包房及卫生间。

中餐厅的装饰虽然可以借鉴传统的符号，但并不是说可以一劳永逸，还要在此基础上寻求符号的现代化、时尚化，以跟上时代的步伐。

“民以食为天”，“食”不只是满足生理需求的饮食，更是一种具有精神内容的饮食文化，一种具有精神内容的文化美学，它包括烹饪艺术和服务艺术，还包括进餐的空间环境艺术及宴席本身的节奏变化，以及穿插在宴席中的音乐、舞蹈等。在当今社会生活状态下，酒店餐饮空间的艺术品位越来越高，性质内容也更多介入了人际交往、感情交流、商贸洽谈、亲朋与家庭团聚等多元因素，因此饮食文化除了美味佳肴的享受外，满足精神需求、优雅宜人的进餐环境也至为重要。从环境设计角度讲，它需要多元化和综合性地考虑的因素很多，包括历史文脉、建筑风格、环境气氛、心理因素等。

3.5.2　酒店餐饮功能空间环境设计

餐饮空间按饮食习惯和用餐方式的不同，分为中餐厅、西餐厅和自助餐厅、宴会厅、行政酒廊等。

1．餐饮空间的特点

（1）空间座位容量及形式

餐饮空间通常选用方桌、长方形桌和圆桌。在自助餐厅和部分西餐厅中还设有柜台式餐桌，通常设置两人台、四人台、六人台和八人台，其中四人台所占比例最大。根据空间大小和档次高低不同，人均占有面积为 1 ～ 2m^2。

（2）餐桌混合比例

在餐饮空间的桌椅配比构成中，根据一般客流情况，两人桌大约占 15%，四人桌大约占 60%，六人桌大约占 20%，八人桌和十人桌大约占 5%。

（3）餐桌及服务通道规格

以圆桌为例，四人台直径大约为 100mm，六到八人台直径为 1200 ～ 1300mm，八到十人台直径大约为 1500mm。服务通道宽度为 900 ～ 1300mm。

2．餐厅的服务形式

餐厅的服务形式主要有自助式服务、坐等式服务、吧台式服务。自助式这种服务形式在通常情况下桌椅摆放呈线形或环形排列，显得井然有序。过道要有足够宽度，以适应自助式选餐的较大人流，要在明显位置设置单向或双向选餐台，餐桌到选餐台的流线尽量短，以便于各方位顾客选餐。

坐等式服务是一种更常见的、灵活的、快捷的服务方式，在餐饮空间中占有绝对比重。餐桌椅的类型和风格形式多样，可供选择的余地和弹性很大。食客多，所需服务人员也较多，因而要规划足够的活动空间和服务通道。

一般来说，吧台式餐台服务亲近、方便，做吃一体，食者舒心。但与餐桌相比，吧台占用空间较大，因为吧台只能在一侧放置座椅。为弥补座椅数量少的缺点，应该把吧台做成环形或在侧面放置座椅以扩大空间容量，增加客流。

3．宴会厅的使用功能

饭店宴会厅的使用功能主要是婚礼宴会、纪念宴会、新年、圣诞晚会、团体会议及团聚宴会等。

宴会厅为了适应不同的使用需要，常设计成可分隔的空间，需要时可利用活动隔断分隔成几个小厅。入口处设接待与衣帽存入处，应设储藏间，以便于不同的桌椅布置形式。可设固定或活动的小舞台。宴会厅的净高一般小宴会厅为 2.7 ～ 3.5m、大宴会厅为 5m 以上。宴会前厅或宴会门厅是宴会厅的活动场所，此处设衣帽间、电话休息椅、卫生间（化妆设施）（图 3-57）。

图 3-57　宴会厅

4．西餐厅的室内设计风格

大型饭店、高档次饭店均设有西餐厅。西餐厅在饮食业中属异域餐饮文化。西餐厅以供应西方特色菜肴为主，其装饰风格也应与民族习俗相一致，充分尊重其饮食习惯和就餐环境需求。西餐厅的家具多采用二人桌、四人桌或长条形多人桌。

西餐厅室内环境的营造方法是多样化的，这与西方近现代的室内设计风格的多样化是分不开的，大致有以下几种。

（1）欧洲古典气氛的营造手法：这种手法比较注重古典气氛的营造，通常运用一些欧洲建筑的典型元素，诸如砖拱、铸铁花、罗马柱、夸张的木质线条等来构成室内的欧洲古典风情。在这种符号元素的借鉴过程中当然不可能一律照搬，还应结合现代的空间构成手段，从灯光、音响等方面来加以补充和润色。

（2）富有乡村气息的营造手法：与欧洲古典贵族风格迥然不同的便是这种风格具有一种田园诗般恬静、温柔、富有乡村气息的装饰风格。这种营造手法较多地保留了原始、自然的元素，使室内空间流淌着一种自然、浪漫的气氛，质朴而富有生气。

（3）前卫的前技派营造手法：西餐厅的经营对象如果面对青年消费群，运用前卫且充满现代气息的设计手法最为适合。餐厅的气氛主要表现为现代简洁的词汇语言，轻快而富有与时代潮流结合的时尚气息，偶尔又透露出一种神秘莫测的气质。空间构成一目了然，各个界面平整光洁，巧妙运用各种灯光构成室内温馨的气氛。

西餐厅的装饰特征总的来说富有异域情调，设计语言上要结合近现代西方的装饰流派而灵活运用（图 3-58 和图 3-59）。

图 3-58　西班牙“热点”餐厅

图 3-59　“恰”牛排馆

5. 酒吧设计

酒吧是酒店必不可少的公共休闲空间，如图 3-60 和图 3-61 所示。空间处理应轻松随意，可以处理成异形或自由弧形空间。酒吧也是人们亲密交流、沟通的社交场所，在空间处理上宜把大空间分成多个尺度较小的空间，以适应不同层次的需要。

图 3-60　西班牙"热点"酒吧

图 3-61　啤酒吧

酒吧在功能区域上主要有座席区（含少量站席）、吧台区、化妆室、音响、厨房等几个部分。让出一小部分空间面积用于办公室和卫生间也是必要的。一般每席为 1.3 ~ 1.7m^2，通道为 750 ~ 1300 mm，酒吧台宽度为 500 ~ 750mm。可视其规模设置水酒储藏库。

酒吧台是酒吧空间中的组织者和视觉中心，设计上可把其作为风格走向予以重点思考。酒吧台侧面因与人体接触，宜采用木质或软包材料；台面材料需光滑易于清洁；常用材料有高级木材、花岗石、大理石、金属面等。

6. 咖啡厅设计

现代酒店的咖啡厅是提供咖啡、饮料、茶水的休息、交际场所等。它常设置在酒店大堂一角或与西餐厅、中庭结合在一起，且靠近卫生间。普通咖啡厅提供集中烧煮的咖啡，豪华级饭店的咖啡厅常常当众表演烧煮小壶咖啡的技术。咖啡厅内须设热饮料准备间和洗涤间。咖啡厅常用直径为 550 ~ 600mm 的圆桌或边长为 600 ~

700mm 的方桌。应留足够的服务通道。

咖啡厅源于西方饮食文化，因此，在设计形式上更多追求欧化风格，其表现为：借用欧式古典建筑的装饰语言，通过提炼建立一种“欧洲感觉”的空间形式，以一种或多种具有经典意义的欧式建筑线角、柱式，“以少胜多”的语言来表达空间。充分体现其古典、醇厚的风格和差别化。

欧化风格在形式上的另一个特征是强调和突出顾客为中心，这种形式往往在环境中心制造空地，使之成为整个空间的聚集点，以开敞的多视角形式做不同区域的划分（图 3-62 和图 3-63）。

图 3-62　保加利亚索菲特酒店底层咖啡厅

图 3-63　挪威 Norge 酒店咖啡厅

7. 厨房设计

酒店的厨房设计要根据餐饮部门的种类、规模、菜谱内容的构成，应根据在建筑体中的位置状况等条件相应地有所变化。一般设有主厨房和各部门厨房或餐具食品室。宴会厅的使用率较高时，由于同住宿客人用餐的内容及用餐时间不同，两者的厨房应分开设计。当餐饮部门的规模较小时，一般只设一个厨房，负责宴会的部门在相邻宴会厅的配套室里进行装盘和洗净、存放餐具。厨房的位置要尽量与餐饮区域相邻，但厨房里炒菜的油烟味和噪声等不能传到客人就餐座席或宴会厅。

厨房的流线要合理，厨房作业的流程为：采购食品材料→储藏→预先处理→烹调→配餐→食堂→回收餐具→洗涤→预备等。

厨房地面要平坦、防滑，而且要容易清扫。地平留有 1/100 的排水坡度和足够的排水沟。适用于厨房地面的装饰材料有瓷质地砖和适用于配餐室的树脂薄板等。墙面装饰材料可以使用瓷砖和不锈钢板。为了清洗方便，最好使用不锈钢材料。顶棚要安装专用排气罩、防潮防雾灯和通风管道以及吊柜等。

根据客人座席数量决定餐厅和厨房的大致面积，虽然还要看菜谱的内容构成，但厨房面积一般是餐厅面积的 30% ～ 40%。

3.6　案例赏析——安吉悦榕庄度假酒店

安吉，得名自《诗经》“安且吉兮”，寓意舒适且美好，是清秀宁静的江南小城。安吉悦榕庄坐落在安吉灵峰风景区内，四面环山，一面面水。从国道入口进入后，会看到大大小小的湖泊水库，沿湖而立的桃花林，层层叠叠的茶园，散落隐蔽的粉墙黛瓦小院，良田美池桑竹，分明就是隐逸人士的桃花源。

建筑师在山岭之间顺应地势创造了一组中国院落，寻求“工整”与“自然”的平衡，整齐有序的轴线与自由的村落式布局结合，不拘泥于苏杭建筑的精致工巧，而是寻求一种更加自在放松的氛围。室内设计承接了这种“在地感”，意图通过空间的深入塑造与刻画，衔接人与自然的对话与感知。在设计之初，通过对安吉的历史风物理解，将空间感受定位为一个殷实的书香世家宅邸，希望通过更符合当下生活的手法去传达悦榕庄的传统气质，以期在此创造“宁静的奢华”“当代的雅致”的美学观念（图 3-64）。

图 3-64　在山岭之间顺应地势建造了一组中国院落

大堂区域是一个方正的四合院，到达感的营造通过一条山水轴线铺陈开来，从主入口经水院至大堂吧的镜面水台，与户外平台的反射水池衔接，视线最终停歇于远处连绵的山岭与水库，客人的心情会在瞬间变得安静与开阔（图 3-65）。

图 3-65　大堂区域入口

围绕中庭的水院，接待大堂、大堂吧、尚书吧依次分布，一系列无柱举架空间，有别于传统中式木构梁柱体系给空间带来的分隔感。室内设计意图以整体化的语言将这三个空间串联起来，创造舒展轩阔的当代空间感受，并敷以温暖优雅的传统材质与色彩，其间点缀以中式盆景、抽象艺术以及金属细节的灯笼，使人游走于古典与现代之间，而丝毫不觉冲突（图 3-66 和图 3-67）。

图 3-66　中庭的水院

图 3-67　接待大堂

水院右侧的接待大堂沿纵向动线两侧是接近 20m 的原木台面及三组沙发，视线尽头是一组由石、木、铜组合而成的抽象艺术家具，材质与体量错落，暗喻掩映的山岭意境。接待台的一侧墙面进行视线管理，以连续屏风将近处不理想的景观屏蔽，顺势成为接待前台的稳定背景，而将远处的山景与近处的古典建筑翘角透过传统门窗与竹帘，与台面远端的等候阅览区域相映。另一侧的连续岛屿式沙发组面对中庭水院，宾客在等候时可以略为整理身心，迎接即将到来的度假体验（图 3-68）。

图 3-68　连续岛屿式沙发组面对中庭水院

尚书吧位于水院左侧，“安且吉兮” 的匾额凝练出场所精神，整体融合特式订制家私、大容量书柜、柔和光感，以书画、竹筒等点题“书香门第”，烘托出安稳之美沉淀心灵。组合式艺术家具、中式屏风、原木台面在此再次出现，与对面的大堂接待区呼应（图 3-69）。

经过大堂，即至四面开敞的大堂吧，此处是大堂区域的华彩部分，近、中、远景致环绕。位于中心的厚实感水景映照出室外景致，引景入室，附随水景两旁设有现代中式休闲沙发组，简约线条游走于中式建筑之间，在此白天

图 3-69　尚书吧室内细部

可品茗赏山水，夜晚则对影邀清风明月（图 3-70）。

中餐区是一组散落的院落，包含中餐散座大厅、酒廊、7 个中餐包房以及 2 个 VIP 大包房。中餐散座大厅是一个 6m 挑高空间的大宅，穿过前院和廊架，进来后一个巨型方正采光天窗，室内规划明快有序，由数个全高木屏风分隔出各具用餐需要的半私密空间，配备灯笼造型吊灯，整体犹如置身于树海景观，顿生茂林修竹之感。

中餐包房通过一个内庭院连接，庭院树影憧憧、山石形态可掬，包房化繁为简、大巧不工，传统的坡屋顶下悬挂着大小不一造型的灯笼，流露淡彩的桃花图案的地毯、点缀其间的抽象山水画和外庭院的远山遥相呼应（图 3-71）。

VIP 大包房设置了单独的入口，从小庭院进来，正对的玄关处是酒店收藏的古董家具。两个 VIP 大包房分别设置了可容纳 20 人和 28 人的大圆桌，6m 高的坡屋顶悬挂下来的造型灯笼落在巨大的大理石台面上，场面颇为壮观。翠绿挑金的松竹梅地毯，搭配墙面青绿山水的宫廷画，分外尊贵儒雅（图 3-72）。

图 3-70　大堂吧及细部

集中客房区是一座现代幕墙式建筑，为尽可能地观景，所有客房均有超大玻璃面对周边山水。室内设计另辟蹊径，并未沿袭安吉其他酒店强调“竹”的手法，而是以反映中国文人品位的“松、竹、梅”为主题，将色彩与图案应用到地毯、门牌、背景、艺术品之中，分层布置，给宾客不同的感官与心灵体验（图 3-73）。

室内布局上，观山面水，几乎所有的客房的床都正对景观面布置，让宾客无论坐、卧都能将景色尽收眼底。室内设计希望给宾客创造一种放松而宁静的“家”的氛围，木质的地板亲和舒适，丝质墙纸散发着微光，响应着“松、竹、梅”的主题，所有的床背景均为手绘植物图案，将中式文人画意境带入居室空间，房间的地毯和其他装饰品则与相应的植物主题呼应（图 3-74）。房间具有细腻柔和的材质与色彩，注重细节与使用的便利，让人丝毫不会感到空间的压迫感，身心可以得到完全的放松。

图 3-71　中餐散座大厅

图 3-72　VIP 大包房入口

图 3-73　客房超大玻璃面对周边山水

图 3-74 客房中各元素与松、竹、梅的主题相呼应

思考练习题

某酒店空间设计（定位、投资、风格无限制）要求如下：

（1）一层平面布置图和天花布置图（含酒店大堂、餐饮和通过性空间）；

（2）自选一套客房，作整套施工图；

（3）任选酒店的两个空间，要进行效果图制作；

（4）设计说明 800 字左右；

（5）酒店原始图纸为书中图 3-43，要进行新的平面设计。

参 考 文 献

[1] 鲁睿 . 商业空间设计 [M]. 北京：水利水电出版社，2006.

[2] 林恩 • 梅舍 . 商业空间设计 [M]. 张玲，译 . 北京：中国青年出版社，2016.

[3] 李振煜，赵文瑾 . 餐饮空间设计 [M]. 北京：北京大学出版社，2013.

[4] 漂亮家具编辑部 . 图解餐饮空间设计 [M]. 武汉：华中科技大学出版社，2018.

[5] 吴昆，严康 . 餐饮空间设计 [M]. 北京：中国青年出版社，2015.

[6] 师高民 . 酒店空间设计 [M]. 合肥：合肥工业大学出版社，2014.

[7] 梁文育，黄健儿，杨思维 . 宾馆酒店室内设计 [M]. 北京：中国建筑工业出版社，2011.